中2

まとめ上手

数学

Equation

Function

Geometry

Probability

受験研究社

本書の特色としくみ

この本は，中学２年の重要事項を豊富な図や表，補足説明を使ってわかりやすくまとめたものです。要点がひと目でわかるので，日常学習や定期テスト対策に必携の本です。

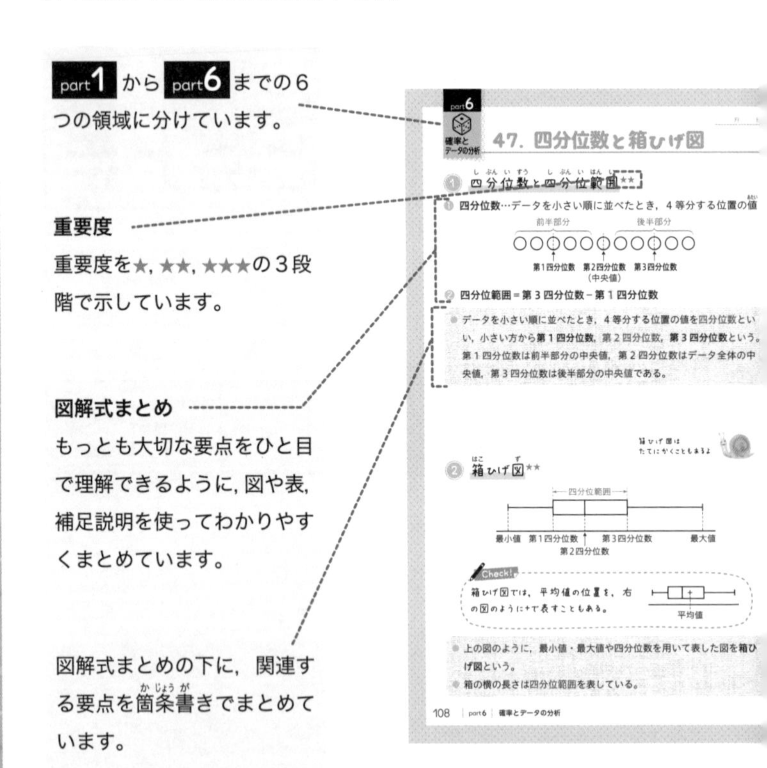

part1 から part6 までの６つの領域に分けています。

重要度
重要度を★，★★，★★★の３段階で示しています。

図解式まとめ
もっとも大切な要点をひと目で理解できるように，図や表，補足説明を使ってわかりやすくまとめています。

図解式まとめの下に，関連する要点を箇条書きでまとめています。

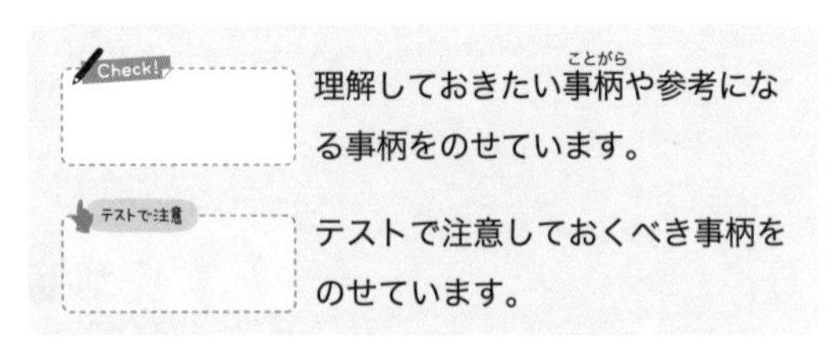

Check! 理解しておきたい事柄や参考になる事柄をのせています。

テストで注意 テストで注意しておくべき事柄をのせています。

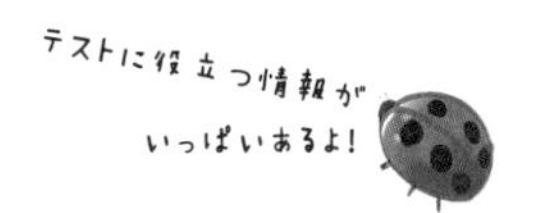

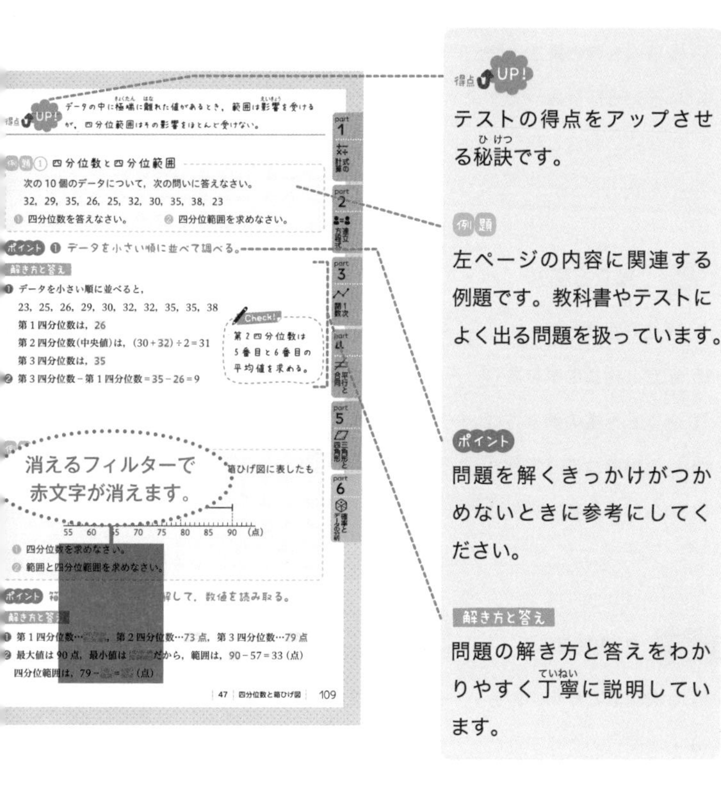

得点UP!

テストの得点をアップさせる秘訣(ひけつ)です。

例題

左ページの内容に関連する例題です。教科書やテストによく出る問題を扱っています。

ポイント

問題を解くきっかけがつかめないときに参考にしてください。

解き方と答え

問題の解き方と答えをわかりやすく丁寧(ていねい)に説明しています。

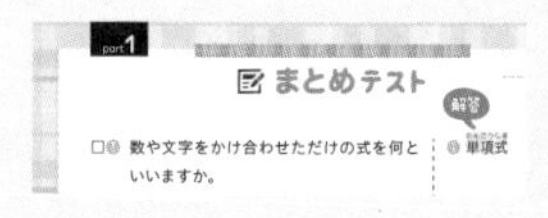

各 part の最後には，その part の内容を復習できる「まとめテスト」を設けています。

もくじ

part 1 式の計算

part 2 連立方程式

part 3 1次関数

part4 平行と合同

part5 三角形と四角形

part6 確率とデータの分析

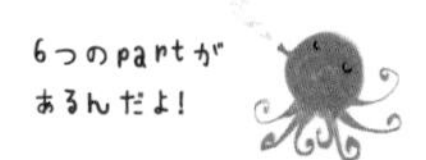

月　日

1．単項式と多項式

① 単項式と多項式★★

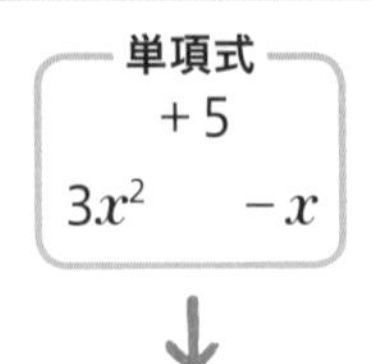

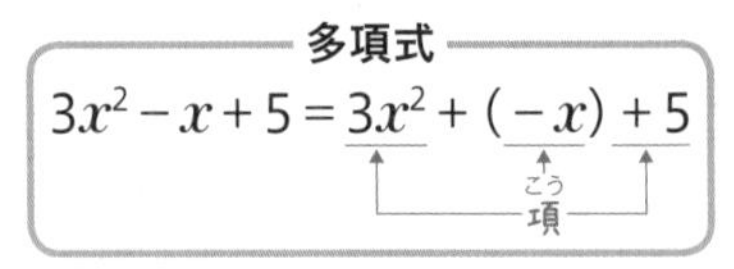

単項式の次数

$3x^2=3\times x\times x$ → 次数は 2（2個）

$-x=-1\times x$ → 次数は 1（1個）

多項式の次数

$3x^2+(-x)+5$ → 次数は 2

次数2　次数1　定数項

- 数や文字をかけ合わせただけの式を**単項式**という。
- 単項式の和の形で表された式を**多項式**といい，その1つ1つの単項式を，多項式の**項**という。特に，数だけの項を**定数項**という。
- 単項式では，かけられている文字の個数を，その単項式の**次数**という。多項式では，各項の次数のうちで最も大きいものを，その多項式の**次数**という。
- 次数が1の式を**1次式**，次数が2の式を**2次式**という。

② 同類項★★

$3x+2y-7x+4y$ （$3x$ と $-7x$ が同類項，$2y$ と $4y$ が同類項）

↓ 項を並べかえる

$=3x-7x+2y+4y$

↓ 同類項をまとめる

$=(3-7)x+(2+4)y$

$=-4x+6y$

- 文字の部分がまったく同じである項を**同類項**という。
- 同類項は分配法則 $ma+na=(m+n)a$ を使って，1つにまとめる。

得点UP! 同類項を見つけるときは，文字の部分にだけ着目して，まったく同じものをさがす。また，定数項どうしも同類項である。

例題① 単項式と多項式

❶ 次の多項式の項をいいなさい。

① $4x-3y$　② x^2+5x-6

❷ 次の単項式の次数をいいなさい。

① $5x^2$　② $-\frac{2}{3}a^2bc$

❸ 次の多項式は何次式ですか。

① $4-2a+a^2$　② $2x^2y-x-y^2$

ポイント ❷ 単項式の次数は，かけられている文字の個数

解き方と答え

❶ ① $4x$，$-3y$

② x^2，$5x$，-6

❷ ① $5x^2=5\times x\times x$ より，次数は 2

② $-\frac{2}{3}a^2bc=-\frac{2}{3}\times a\times a\times b\times c$ より，次数は 4

❸ ① 次数が最も大きいのは，a^2 の 2 次だから，2 次式

② 次数が最も大きいのは，$2x^2y$ の 3 次だから，3 次式

例題② 同類項

次の式の同類項をまとめなさい。

❶ $5a-6b-3a+4b$　❷ $x^2-7x-3x^2+8x$

ポイント 同類項を集め，その係数を計算する。

解き方と答え

❶ $5a-6b-3a+4b=5a-3a-6b+4b$

$=(5-3)a+(-6+4)b$

$=2a-2b$

❷ $x^2-7x-3x^2+8x=x^2-3x^2-7x+8x$

$=-2x^2+x$

テストで注意

x^2 と x は似ているが，同類項ではない。

月　日

2. 多項式の加法と減法

① 多項式の加法★★

$(3x+4y)+(2x-6y)$

$=3x+4y+2x-6y$　　そのまま（　）をはずす

$=3x+2x+4y-6y$　　同類項を集める

$=5x-2y$　　同類項をまとめる

縦書き

$$\begin{array}{rr} & 3x+4y \\ +) & 2x-6y \\ \hline & 5x-2y \end{array}$$

同類項を縦にそろえる

● 多項式の加法では，（　）をそのままはずして，同類項をまとめて簡単にすることができる。

② 多項式の減法★★★

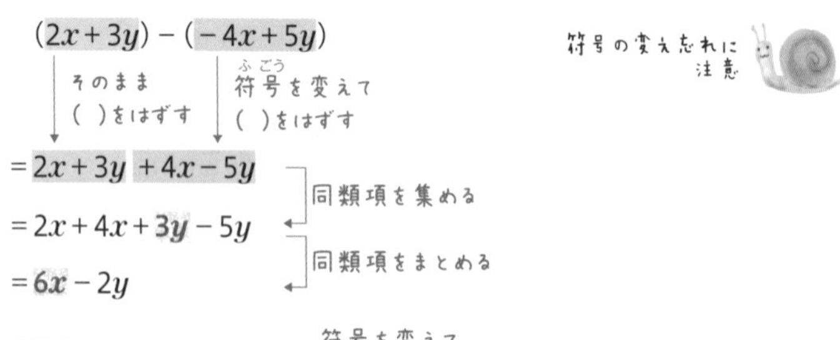

$(2x+3y)-(-4x+5y)$

そのまま（　）をはずす　／　符号を変えて（　）をはずす

符号の変え忘れに注意

$=2x+3y+4x-5y$　　同類項を集める

$=2x+4x+3y-5y$　　同類項をまとめる

$=6x-2y$

縦書き

$$\begin{array}{rr} & 2x+3y \\ -) & -4x+5y \\ \hline \end{array} \longrightarrow \begin{array}{rr} & 2x+3y \\ +) & 4x-5y \\ \hline & 6x-2y \end{array}$$

符号を変えて加法になおす

● 多項式の減法では，－（　）はかっこ内の符号を変えてかっこをはずし，同類項をまとめる。

得点UP! −(　)のかっこをはずすときは，うしろの項の符号の変え忘れに注意する。

例題① 多項式の加法と減法 ①

次の計算をしなさい。

❶ $(2x-3y)+(4x+5y)$　❷ $(6x-7y)-(3x-5y)$

❸ $(-3a+6b)+(2a-6b-1)$

❹ $(4a^2-5a+3)-(a^2+6-a)$

ポイント かっこをはずして同類項をまとめる。

解き方と答え

❶ $(2x-3y)+(4x+5y)=2x-3y+4x+5y=6x+2y$

（　）をそのままはずす

❷ $(6x-7y)-(3x-5y)=6x-7y-3x+5y=3x-2y$

符号を変える

❸ $(-3a+6b)+(2a-6b-1)=-3a+6b+2a-6b-1=-a-1$

❹ $(4a^2-5a+3)-(a^2+6-a)=4a^2-5a+3-a^2-6+a$

$=3a^2-4a-3$

例題② 多項式の加法と減法 ②

次の計算をしなさい。

❶
$$\begin{array}{rr} & 4a-9b \\ +) & -3a+5b \\ \hline \end{array}$$

❷
$$\begin{array}{rr} & 2x-3y+5 \\ -) & -3x+4y+1 \\ \hline \end{array}$$

ポイント ❷ 減法(縦書き)は，加法になおして計算する。

解き方と答え

❶
$$\begin{array}{rr} & 4a-9b \\ +) & -3a+5b \\ \hline & a-4b \end{array}$$

❷
$$\begin{array}{rr} & 2x-3y+5 \\ -) & -3x+4y+1 \\ \hline \end{array} \xrightarrow{\text{加法になおす}} \begin{array}{rr} & 2x-3y+5 \\ +) & 3x-4y-1 \\ \hline & 5x-7y+4 \end{array}$$

part 1 式の計算 / part 2 連立方程式 / part 3 1次関数 / part 4 平行と合同 / part 5 三角形と四角形 / part 6 確率とデータの分析

月　日

3. 多項式と数の乗法と除法

① 多項式と数の乗法★★

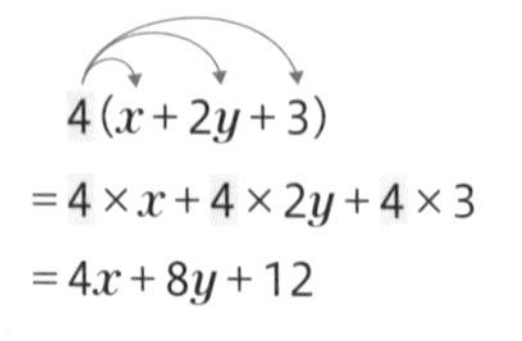

$4(x+2y+3)$
$=4\times x+4\times 2y+4\times 3$
$=4x+8y+12$

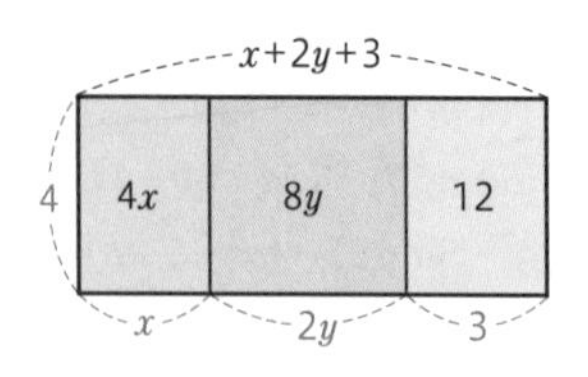

● 多項式と数の乗法は，分配法則を使って計算する。

$m(a+b)=ma+mb$　　$(a+b)m=am+bm$

$m(x+y+z)=mx+my+mz$

かけ忘れに注意！

② 多項式と数の除法★★★

❶ 各項を数でわる方法

$(8a-12b)\div 4$
$=\dfrac{8a}{4}-\dfrac{12b}{4}$　各項を4でわる
$=2a-3b$

❷ わる数の逆数をかける方法

$(8a-12b)\div 4$
$=(8a-12b)\times\dfrac{1}{4}$　逆数をかける
$=8a\times\dfrac{1}{4}-12b\times\dfrac{1}{4}$
$=2a-3b$

● 多項式と数の除法は，多項式の各項を数でわる。

$(a+b)\div c=\dfrac{a+b}{c}=\dfrac{a}{c}+\dfrac{b}{c}$

または，多項式にわる数の逆数をかける。

$(a+b)\div c=(a+b)\times\dfrac{1}{c}=a\times\dfrac{1}{c}+b\times\dfrac{1}{c}=\dfrac{a}{c}+\dfrac{b}{c}$

得点UP! 逆数はかけて1になる数だから，逆数の符号(ふごう)はもとの数の符号と同じである。

例題① 多項式と数の乗法

次の計算をしなさい。

❶ $4(x+2y)$　❷ $(-3a+4b)\times(-2)$

❸ $12\left(\frac{a}{4}-\frac{b}{2}\right)$

ポイント 分配法則を使ってかっこをはずす。

解き方と答え

❶ $4(x+2y)=4\times x+4\times 2y=\mathbf{4x+8y}$

❷ $(-3a+4b)\times(-2)=-3a\times(-2)+4b\times(-2)=\mathbf{6a-8b}$

❸ $12\left(\frac{a}{4}-\frac{b}{2}\right)=12\times\frac{a}{4}-12\times\frac{b}{2}=\mathbf{3a-6b}$

分数の乗法では約分できるときは約分する

例題② 多項式と数の除法

次の計算をしなさい。

❶ $(16a-8b)\div 8$　❷ $(-24x+12y)\div(-6)$

❸ $(25a-10b+15c)\div\frac{5}{3}$

ポイント 各項を数でわるか，わる数の逆数をかける。

解き方と答え

❶ $(16a-8b)\div 8=\frac{16a}{8}-\frac{8b}{8}=\mathbf{2a-b}$

❷ $(-24x+12y)\div(-6)=\frac{-24x}{-6}+\frac{12y}{-6}=\mathbf{4x-2y}$

符号に注意する

❸ $(25a-10b+15c)\div\frac{5}{3}=(25a-10b+15c)\times\frac{3}{5}$

逆数にして乗法になおす

$=25a\times\frac{3}{5}-10b\times\frac{3}{5}+15c\times\frac{3}{5}=\mathbf{15a-6b+9c}$

月　日

4. いろいろな計算

① かっこのある式の計算★★

❶ $5(2x+y)-3(3x-4y)$

$=10x+5y-9x+12y$

$=x+17y$

分配法則を使って，かっこをはずす

同類項（どうるいこう）をまとめる

❷ $\frac{1}{2}(3x-y)-\frac{1}{3}(x+6y)$

$=\frac{3}{2}x-\frac{1}{2}y-\frac{1}{3}x-2y$

$=\frac{7}{6}x-\frac{5}{2}y$

分配法則を使って，かっこをはずす

同類項をまとめる

● かっこのある式の計算は，分配法則を使ってかっこをはずし，同類項をそれぞれまとめる。

② 分数の形の式の計算★★★

$\frac{4x-3y}{6}-\frac{2x-y}{4}$

$=\frac{2(4x-3y)-3(2x-y)}{12}$

$=\frac{8x-6y-6x+3y}{12}$

$=\frac{2x-3y}{12}$

通分する

分配法則を使う

同類項をまとめる

テストで注意

$\frac{2x-3y}{12}=\frac{2x}{12}-\frac{3y}{12}$

だから，$\frac{\overset{1}{\cancel{2}}x-3y}{\underset{6}{\cancel{12}}}$

と約分することはできない。

● 分数の形の式の加減は，まず通分し，1つの分数にして計算する。

または，①の❷と同じ形に直して計算することもできる。

$\frac{4x-3y}{6}-\frac{2x-y}{4}=\frac{1}{6}(4x-3y)-\frac{1}{4}(2x-y)=\frac{2}{3}x-\frac{1}{2}y-\frac{1}{2}x+\frac{1}{4}y$

$=\frac{1}{6}x-\frac{1}{4}y$

得点UP! かっこをはずすときは，符号(ふごう)に注意する。また，分数の形の式を通分するときは，分子にかっこをつける。

例題① かっこのある式の計算

次の計算をしなさい。

❶ $2(a-4b)+3(2a+5b)$　❷ $\frac{1}{3}(3x-2y)+\frac{2}{5}(-x+3y)$

❸ $5(x^2-2x-3)-2(4x-9)$

ポイント 分配法則でかっこをはずし，同類項をまとめる。

解き方と答え

❶ $2(a-4b)+3(2a+5b)=2a-8b+6a+15b$
$=8a+7b$

❷ $\frac{1}{3}(3x-2y)+\frac{2}{5}(-x+3y)=x-\frac{2}{3}y-\frac{2}{5}x+\frac{6}{5}y$
$=\frac{3}{5}x+\frac{8}{15}y$

❸ $5(x^2-2x-3)-2(4x-9)=5x^2-10x-15-8x+18$
$=5x^2-18x+3$

例題② 分数の形の式の計算

次の計算をしなさい。

❶ $\frac{2x+y}{3}+\frac{x-5y}{6}$　❷ $a+b-\frac{a-6b}{3}$

ポイント 通分して，かっこをはずし，同類項をまとめる。

解き方と答え

❶ $\frac{2x+y}{3}+\frac{x-5y}{6}=\frac{2(2x+y)+(x-5y)}{6}=\frac{4x+2y+x-5y}{6}$
$=\frac{5x-3y}{6}$

❷ $a+b-\frac{a-6b}{3}=\frac{3(a+b)-(a-6b)}{3}=\frac{3a+3b-a+6b}{3}$
$=\frac{2a+9b}{3}$

月　日

5. 単項式の乗法と除法 ①

① 単項式の乗法★★

❶ $3a \times 4b = (3 \times a) \times (4 \times b)$

$= (3 \times 4) \times (a \times b) = 12ab$

係数の積　文字の積

❷ $2a \times (-3a^2) = 2 \times (-3) \times a \times a^2 = -6a^3$

a^{1+2}

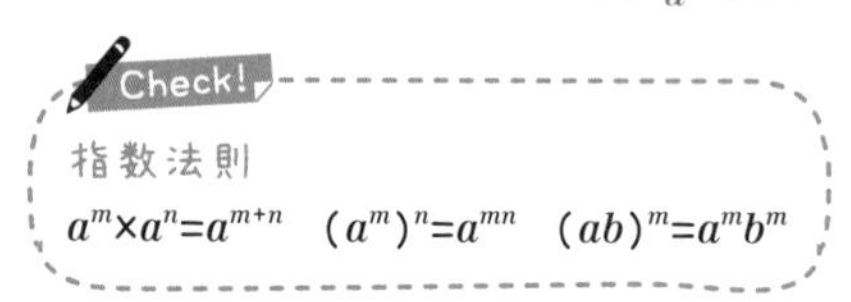

Check!

指数法則

$a^m \times a^n = a^{m+n}$　$(a^m)^n = a^{mn}$　$(ab)^m = a^m b^m$

- 単項式の乗法では，係数どうしの積に文字どうしの積をかければよい。
- 同じ文字の積は，累乗(るいじょう)の指数を使って表す。

符号に注意!

② 単項式の累乗★★

❶ $(-7a)^2 = (-7)^2 \times a^2$

$(ab)^n = a^n b^n$

$= 49 \times a^2$

$= 49a^2$

❷ $(-2x)^3 \times 4y = \{(-2)^3 \times x^3\} \times 4y$

累乗の部分を先に計算する。

$= -8x^3 \times 4y$

$= -32x^3y$

Check!

❶ $(-7a)^2$ は $(-7a)$ を2回かけることだから，

$(-7a) \times (-7a)$

$= (-7) \times (-7) \times a \times a$

$= 49a^2$

と計算してもよい。

- 単項式の累乗をふくむ式の計算では，まず累乗の部分を先に計算し，次に他の単項式との積を求める。

得点UP! $(-2x^2)$と$(-2x)^2$のように，指数がかっこの内側にあるか外側にあるかで答えが変わるので注意しよう。

例題① 単項式の乗法

次の計算をしなさい。

❶ $(-4ab)\times 7c$　❷ $(-2x)\times(-8x)$

❸ $\dfrac{1}{2}a\times\left(-\dfrac{3}{4}b\right)$　❹ $\left(-\dfrac{5}{9}x^2y\right)\times\dfrac{3}{10}xy^2$

ポイント 係数・文字どうしで積をつくる。

解き方と答え

❶ $(-4ab)\times 7c=(-4)\times 7\times a\times b\times c=\mathbf{-28abc}$

❷ $(-2x)\times(-8x)=(-2)\times(-8)\times x\times x=16x^2$

❸ $\dfrac{1}{2}a\times\left(-\dfrac{3}{4}b\right)=\dfrac{1}{2}\times\left(-\dfrac{3}{4}\right)\times a\times b=-\dfrac{3}{8}ab$

❹ $\left(-\dfrac{5}{9}x^2y\right)\times\dfrac{3}{10}xy^2=\left(-\dfrac{5}{9}\right)\times\dfrac{3}{10}\times x^2y\times xy^2=-\dfrac{1}{6}x^3y^3$

例題② 単項式の累乗

次の計算をしなさい。

❶ $-(a^2)^3$　❷ $(-3xy^2)^2$

❸ $(-4x)^2\times(-5y)$　❹ $\left(-\dfrac{5}{9}a\right)\times(-3b)^3$

ポイント 指数法則を利用する。

解き方と答え

❶ $-(a^2)^3=-a^{2\times 3}=\mathbf{-a^6}$

$(a^m)^n=a^{mn}$

❷ $(-3xy^2)^2=(-3)^2\times x^2\times(y^2)^2=9\times x^2\times y^4=\mathbf{9x^2y^4}$

（別解）　$(-3xy^2)^2=(-3xy^2)\times(-3xy^2)=9x^2y^4$

❸ $(-4x)^2\times(-5y)=16x^2\times(-5y)=-80x^2y$

❹ $\left(-\dfrac{5}{9}a\right)\times(-3b)^3=\left(-\dfrac{5}{9}a\right)\times(-27b^3)=\mathbf{15ab^3}$

月　日

6．単項式の乗法と除法 ②

① 単項式の除法★★

たん こう しき

❶ $6xy \div 3y = \dfrac{6xy}{3y} = \dfrac{\overset{2}{\cancel{6}} \times x \times \overset{1}{\cancel{y}}}{\underset{1}{\cancel{3}} \times \underset{1}{\cancel{y}}} = 2x$

分数の形にする

❷ $\dfrac{1}{2}x^2y \div \dfrac{2}{3}x = \dfrac{x^2y}{2} \times \dfrac{3}{2x} = \dfrac{x^{\cancel{2}}y \times 3}{2 \times 2\cancel{x}} = \dfrac{3xy}{4} \left(= \dfrac{3}{4}xy\right)$

乗法になおす

テストで注意

$\dfrac{2}{3}x$ の逆数は $\dfrac{3}{2}x$ ではなく $\dfrac{3}{2x}$ である。

● 単項式の除法は，分数の形にして約分するか，わる式を逆数にして乗法になおす。

② 乗法と除法の混じった式の計算★★★

❶ $ab \times a \div ab^2 = ab \times a \times \dfrac{1}{ab^2}$ ←乗法だけの式になおす

$= \dfrac{\cancel{a}\cancel{b} \times a}{\cancel{a}b^{\cancel{2}}} = \dfrac{a}{b}$ まとめて約分する

❷ $x^3y^2 \div xy \div x^2 = x^3y^2 \times \dfrac{1}{xy} \times \dfrac{1}{x^2}$ ←乗法だけの式になおす

$= \dfrac{\cancel{x^3}y^{\cancel{2}}}{\cancel{x}\cancel{y} \times \cancel{x^2}} = y$ まとめて約分する

● 単項式どうしの乗法と除法の混じった式の計算は，乗法だけの式になおして計算し，最後にまとめて約分する。

得点UP! 乗法と除法の混じった式の計算では，約分をする前に係数の符号（ふごう）を決めるとよい。

例題① 単項式の除法

次の計算をしなさい。

❶ $8xy \div (-4x)$　❷ $12ab \div \frac{3}{4}b$

❸ $\frac{2}{3}a^2b \div \left(-\frac{5}{6}ab^3\right)$

ポイント 分数の形にするか，逆数にして乗法になおす。

解き方と答え

❶ $8xy \div (-4x) = -\frac{8xy}{4x} = -2y$

❷ $12ab \div \frac{3}{4}b = 12ab \times \frac{4}{3b} = \frac{12ab \times 4}{3b} = 16a$

乗法になおす

❸ $\frac{2}{3}a^2b \div \left(-\frac{5}{6}ab^3\right) = \frac{2a^2b}{3} \times \left(-\frac{6}{5ab^3}\right) = -\frac{2a^2b \times 6}{3 \times 5ab^3} = -\frac{4a}{5b^2}$

例題② 乗法と除法の混じった式の計算

次の計算をしなさい。

❶ $4a^2 \times (-9b) \div (-8a)$　❷ $18x^2y \div (-3x) \times 7xy$

❸ $(3xy)^2 \div 7xy \div (-9y^2) \times 4x$

ポイント すべて乗法になおして計算する。

解き方と答え

❶ $4a^2 \times (-9b) \div (-8a) = \frac{4a^2 \times 9b}{8a} = \frac{9ab}{2}$

❷ $18x^2y \div (-3x) \times 7xy = -\frac{18x^2y \times 7xy}{3x} = -42x^2y^2$

❸ $(3xy)^2 \div 7xy \div (-9y^2) \times 4x = 9x^2y^2 \div 7xy \div (-9y^2) \times 4x$

$= -\frac{9x^2y^2 \times 4x}{7xy \times 9y^2} = -\frac{4x^2}{7y}$

7. 式の値と等式の変形

① 式の値（あたい）★★★

問 $x=-3$，$y=5$ のとき，$2(3x-2y)-(4x-y)$ の値を求めなさい。

解

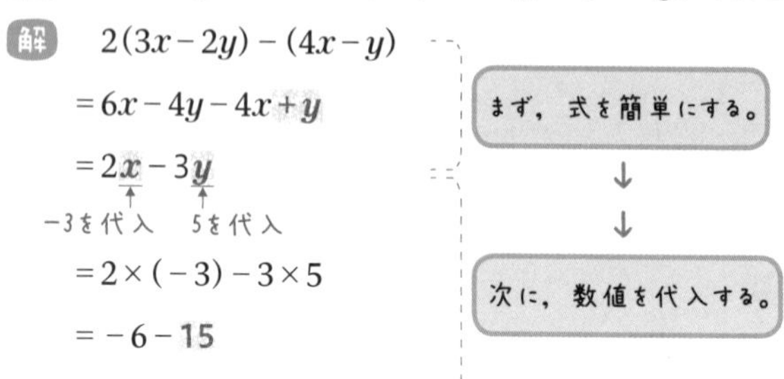

$$
\begin{aligned}
&2(3x-2y)-(4x-y)\\
&=6x-4y-4x+y\\
&=2x-3y\\
&=2\times(-3)-3\times5\\
&=-6-15\\
&=-21
\end{aligned}
$$

- 式の中の文字を数におきかえることを，文字にその数を代入**する**という。代入して計算した結果を**式の値**という。
- 式の値を求めるとき，式を簡単にしてから数を代入すると，求めやすくなる場合がある。

② 等式の変形★★★

問 $\ell=2\pi r+4$ を r について解きなさい。

解

$$
\begin{aligned}
\ell&=2\pi r+4\\
2\pi r+4&=\ell\\
2\pi r&=\ell-4\\
r&=\frac{\ell-4}{2\pi}
\end{aligned}
$$

左辺と右辺を入れかえる

+4を移項する

両辺を 2π でわる

- x をふくむ等式を変形して，$x=\sim$ の等式を導くことを，式を x に**ついて解く**という。
- 等式の変形では，等式の性質や移項（いこう）を使って変形する。

得点UP! 文字式に，負の数を代入するときや累乗（るいじょう）部分に分数を代入するときは，かっこをつけて代入する。

例題① 式の値

次の式の値を求めなさい。

❶ $x=2$，$y=3$ のとき，$(x+4y)-2(3x-y)$

❷ $x=6$，$y=-\frac{1}{3}$ のとき，$\frac{3}{2}x^2y\div\left(-\frac{1}{6}x\right)\times\frac{1}{3}y$

ポイント 先に式を簡単にする。

解き方と答え

❶ $(x+4y)-2(3x-y)=x+4y-6x+2y=-5x+6y$

この式に $x=2$，$y=3$ を代入して，$-5x+6y=-5\times2+6\times3=8$

❷ $\frac{3}{2}x^2y\div\left(-\frac{1}{6}x\right)\times\frac{1}{3}y=\frac{3x^2y}{2}\times\left(-\frac{6}{x}\right)\times\frac{y}{3}=-\frac{3x^2y\times6\times y}{2\times x\times3}=-3xy^2$

この式に $x=6$，$y=-\frac{1}{3}$ を代入して，$-3xy^2=-3\times6\times\left(-\frac{1}{3}\right)^2=-2$

例題② 等式の変形

次の等式を〔　〕内の文字について解きなさい。

❶ $3x+2y=12$　〔y〕　　❷ $\ell=2(a+b)$　〔a〕

ポイント 等式の性質や移項を使って解く。

解き方と答え

❶ $3x+2y=12$

$2y=12-3x$　（$3x$を移項する）

$y=6-\frac{3}{2}x$　（両辺を2でわる）

❷ $\ell=2(a+b)$

$2(a+b)=\ell$　（左辺と右辺を入れかえる）

$a+b=\frac{\ell}{2}$　（両辺を2でわる）

$a=\frac{\ell}{2}-b$　（$+b$を移項する）

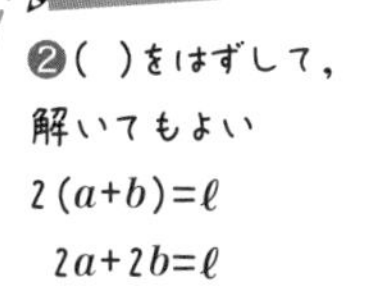

Check!
❷（　）をはずして，解いてもよい

$2(a+b)=\ell$

$2a+2b=\ell$

$2a=\ell-2b$

$a=\frac{\ell-2b}{2}$

月　日

8. 式による説明

1 整数の表し方★★

❶ 2けたの整数の表し方

$17=10\times1+7$

$85=10\times8+5$

⋮

$A=10\times x+y$

↑十の位　↑一の位

❷ 位を入れかえた数の表し方

2けたの整数 A の，十の位と一の位を入れかえた数 B

$A=10x+y$　　3 5

$B=10y+x$　　5 3

- 3けたの整数 A の百の位の数を a，十の位の数を b，一の位の数を c とすると，$A=100a+10b+c$
- 連続する3つの整数は，中央の整数を n として，$n-1$，n，$n+1$ と表せる。
  また，最も小さい整数を n として，n，$n+1$，$n+2$ と表すこともできる。

2 偶数・奇数と倍数の表し方★★

❶ 偶数　0，2，4，6，…

2×0　2×1　2×2　2×3

$2n$ （n は整数）

❷ 奇数　1，3，5，7，…

$2\times0+1$　$2\times1+1$　$2\times2+1$　$2\times3+1$

$2m+1$ （m は整数）

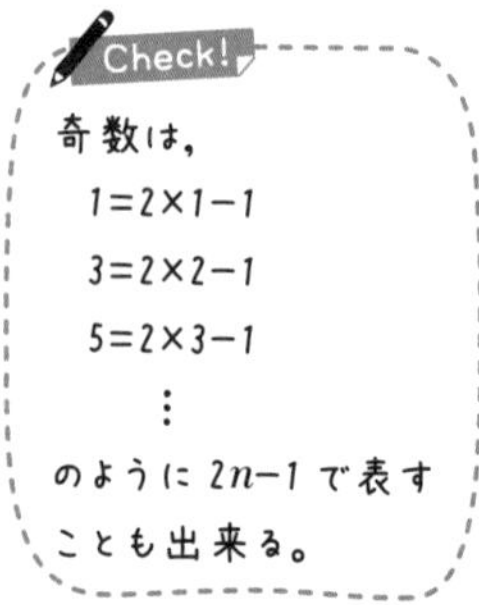

- 偶数は2の倍数であるから，n を整数として，$2n$ と表せる。奇数は偶数に1を加えた数であるから，m を整数として $2m+1$ と表せる。
- 3の倍数 → $3n$（n は整数），5の倍数 → $5n$（n は整数）
- 4でわった余りが3の自然数 → $4n+3$（n は整数）

説明するときは，まず，文字を使って数を表し，説明することがらに合わせて式をつくりましょう。

例題① 整数の表し方

2けたの整数で，十の位の数と一の位の数を入れかえてできる整数と，もとの整数との和は11の倍数である。そのわけを説明しなさい。

ポイント 11の倍数を示すには，11×(整数) を導く。

解き方と答え

2けたの整数を A とし，A の十の位の数を x，一の位の数を y とすると，

$A=\mathbf{10x+y}$

A の十の位と一の位を入れかえた整数を B とすると，

$B=\mathbf{10y+x}$ と表される。

このとき，$A+B=(10x+y)+(10y+x)=\mathbf{11(x+y)}$

$x+y$ は整数だから，$11(x+y)$ は11の倍数である。

例題② 偶数と奇数

次のことがらが成り立つわけを説明しなさい。

❶ 奇数と奇数の和は，偶数である。

❷ 連続する3つの整数の和は，3の倍数である。

ポイント 偶数は2×(整数)，3の倍数は3×(整数)

解き方と答え

❶ 2つの奇数は，$2m+1$，$\mathbf{2n+1}$ (m，n は整数) と表せる。

このとき，奇数と奇数の和は，

$(2m+1)+(2n+1)=\mathbf{2(m+n+1)}$

$(m+n+1)$ は整数だから，$2(m+n+1)$ は偶数である。

❷ 中央の整数を n とすると，連続する3つの整数は，

$n-1$，n，$\mathbf{n+1}$ と表せる。

このとき，3つの整数の和は，$(n-1)+n+(n+1)=\mathbf{3n}$

n は整数だから，$3n$ は3の倍数である。

まとめテスト

月　日

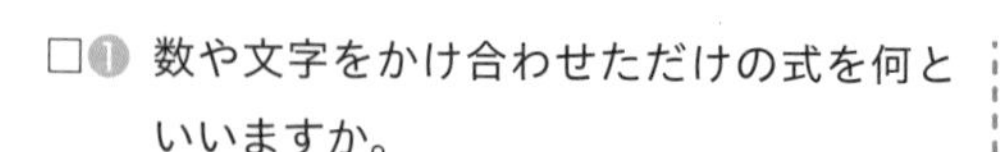

□❶ 数や文字をかけ合わせただけの式を何といいますか。

□❷ ❶で，かけられている文字の個数を何といいますか。

□❸ 多項式のうち数だけの項を何といいますか。

□❹ 次の多項式の項をいいなさい。また何次式か答えなさい。

① $5xy+6y^2-12$　② $xyz-8y+3x$

次の❺～⓲の式の計算をしなさい。

□❺ $6a+10-4a-6b$

□❻ $-9x+8x^2-2x+7x^2$

□❼ $(4x+3y)-(3x-2)$

□❽ $(-10m+2)+(9m-2)$

□❾ $2(x-\frac{7}{2}y)$

□❿ $(6m-9n)\div 3$

□⓫ $-\frac{7}{2}(12x-10)$

□⓬ $2(3a+4b)-(6a+7b)$

□⓭ $\frac{1}{4}(-5x-3)+\frac{5}{12}(15x+3)$

□⓮ $\frac{x+4}{5}-\frac{2x+3}{4}$

□⓯ $x-y+\frac{3x-4y}{2}$

□⓰ $-(-x)^3\times(-y)^2$

□⓱ $15x^3y^2\div\frac{3}{2}xy^2$

□⓲ $21xy^2\div 7x^4y^3\times 3x^3y^2$

解答

❶ 単項式（たんこうしき）

❷ 次数

❸ 定数項

❹ ① 項 $5xy$, $6y^2$, -12
2次式
② 項 xyz, $-8y$, $3x$
3次式

❺ $2a-6b+10$

❻ $15x^2-11x$

❼ $x+3y+2$

❽ $-m$

❾ $2x-7y$

❿ $2m-3n$

⓫ $-42x+35$

⓬ b

⓭ $5x+\frac{1}{2}$

⓮ $\frac{-6x+1}{20}$

⓯ $\frac{5x-6y}{2}$

⓰ x^3y^2

⓱ $10x^2$

⓲ $9y$

□⑲ 次の式の値(あたい)を求めなさい。

①$x=-1$，$y=3$ のとき，

$-(x-5y)-2(x+3y)$

②$x=\frac{1}{12}$，$y=-\frac{3}{8}$のとき，

$\frac{x^2y}{3}\div\frac{3}{16}x^5y^3\times x^2y^3$

□⑳ 次の等式を〔　〕内の文字について解きなさい。

①$S=\frac{1}{2}ah$　〔h〕

②$5x-\frac{3}{2}y=-1$　〔y〕

③$a(b+5)=12$　〔b〕

④$\frac{5y+9}{6x}=\frac{y}{2}$　〔x〕

□㉑ ある3けたの自然数の各位の数の和が9の倍数であるとき，この自然数は9の倍数である。このことを，百の位をx，十の位をy，一の位をzとして，次のように説明した。①～⑤にあてはまる式や言葉を答えなさい。

(説明) 各位の数の和は9の倍数なので，

$x+y+z=9k$ (k は［①］)

3けたの自然数をAとすると，

$A=100x+10y+z$

$=($［②］$)+99x+$［③］

$=9k+99x+9y$

$=9($［④］$)$

［⑤］は自然数なので，A は9の倍数である。

⑲ ① 0

② -8

解き方 先に計算をして式を簡単にしてから代入する。

⑳ ① $h=\frac{2S}{a}$

② $y=\frac{10x+2}{3}$

③ $b=\frac{12}{a}-5$

④ $x=\frac{5}{3}+\frac{3}{y}$

解き方 ④ 両辺に $6x$ をかけて，

$5y+9=3xy$

両辺を $3y$ でわって，

$\frac{5}{3}+\frac{3}{y}=x$

㉑ ① 自然数

② $x+y+z$

③ $9y$

④ $k+11x+y$

⑤ $k+11x+y$

part1 計算の式 / part2 連立方程式 / part3 1次関数 / part4 平行と合同 / part5 三角形と四角形 / part6 確率とデータの分析

月　日

9. 連立方程式と解

① 2元1次方程式と解(げんかい)★

2元1次方程式

$x+y=10$

↑　↑
文字が2つ

2元1次方程式 $x+y=10$ の解

x	…	−2	0	2	4	6	…
y	…	12	10	8	6	4	…

● 2つの文字 x, y をふくむ1次方程式を**2元1次方程式**という。この方程式を成り立たせる x と y の値(あたい)の組を2元1次方程式の解といい，解は無数にある。

② 連立(れんりつ)方程式と解★★

連立方程式

$$\begin{cases} x+y=10 & \cdots① \\ 2x-y=2 & \cdots② \end{cases}$$

①の解

x	…	1	2	3	4	5	…
y	…	9	8	7	6	5	…

②の解

x	…	1	2	3	4	5	…
y	…	0	2	4	6	8	…

①と②を同時に成り立たせる x と y の値の組は，

$x=4$，$y=6$

これが**連立方程式の解**である。

● 2つの2元1次方程式を組み合わせたものを**連立方程式**という。この2つの方程式を同時に成り立たせる x と y の値の組を，連立方程式の解といい，解を求めることを連立方程式を**解く**という。

2元1次方程式の解はいくつも考えられるが，2つの2元1次方程式を組にして連立方程式にすると，解は1つになる。

例題① 2元1次方程式の解

右の表は，2元1次方程式 $2x+y=7$ を成り立たせる x，y の値の組を示したものである。ア～ウにあてはまる数を答えなさい。

x	0	1	イ	3	4
y	7	ア	3	1	ウ

ポイント 方程式に x，y の値を代入して解く。

解き方と答え

ア $x=1$ のとき，$2\times1+y=7$ より，$y=7-2$　$y=5$

イ $y=3$ のとき，$2x+3=7$ より，$2x=4$　$x=2$

ウ $x=4$ のとき，$2\times4+y=7$ より，$y=7-8$　$y=-1$

答　ア…5，イ…2，ウ…-1

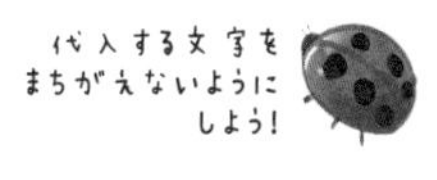

例題② 連立方程式の解

次のア～ウの値の組で，連立方程式 $\begin{cases} 3x+2y=4 & \cdots\cdots① \\ 2x-y=5 & \cdots\cdots② \end{cases}$ の解はどれですか。

ア $\begin{cases} x=1 \\ y=-3 \end{cases}$　　イ $\begin{cases} x=2 \\ y=-1 \end{cases}$　　ウ $\begin{cases} x=4 \\ y=-4 \end{cases}$

ポイント ①，②に代入し，両方成り立つか調べる。

解き方と答え

ア　$x=1$，$y=-3$ を①に代入すると成り立たないが，②に代入すると成り立つ。

イ　$x=2$，$y=-1$ を①，②に代入すると，両方成り立つ。

ウ　$x=4$，$y=-4$ を①に代入すると成り立つが，②に代入すると成り立たない。

したがって，この連立方程式の解はイである。

月　日

10. 連立方程式の解き方 ①

① 加減法（かげんほう）による解き方 ①★★★

問 連立方程式 $\begin{cases} x+y=5 & \cdots\cdots ① \\ 4x-y=10 & \cdots\cdots ② \end{cases}$ を解きなさい。

解 ①の式と②の式の両辺をそれぞれ加えて，y を消去する。

$$\begin{array}{lrl} ① & x+y &= 5 \\ ② & +)\ 4x-y &= 10 \\ \hline & 5x &= 15 \\ & x &= 3 \end{array}$$

$x=3$ を①に代入すると，$3+y=5$　$y=2$

答　$x=3$，$y=2$

● 連立方程式の左辺どうし，右辺どうしを，それぞれたしたりひいたりして，1 つの文字を消去して解く方法を加減法という。

② 加減法による解き方 ②★★★

問 連立方程式 $\begin{cases} 2x-3y=13 & \cdots\cdots ① \\ 5x+2y=4 & \cdots\cdots ② \end{cases}$ を解きなさい。

解 ①の両辺を 5 倍，②の両辺を 2 倍して，x の係数をそろえる。

係数をそろえれば，x を消去できる。

$$\begin{array}{lrl} ①\times 5 & 10x-15y &= 65 \\ ②\times 2 & -)\ 10x+\ \ 4y &= \ \ 8 \\ \hline & -19y &= 57 \\ & y &= -3 \end{array}$$

$y=-3$ を①に代入して，$2x+9=13$　$x=2$

答　$x=2$，$y=-3$

Check!
加減法では，x か y の係数の絶対値をそろえる。

得点UP！ xかyの係数の絶対値がどちらもそろっていないときは，計算しやすいほうを選んで絶対値をそろえるとよい。

例題① 加減法による解き方 ①

次の連立方程式を加減法で解きなさい。

❶ $\begin{cases} 2x+y=7 & \cdots\cdots① \\ x-y=2 & \cdots\cdots② \end{cases}$

❷ $\begin{cases} 3x-2y=-1 & \cdots\cdots① \\ 3x+y=-4 & \cdots\cdots② \end{cases}$

ポイント そろった係数が，同符号（どうふごう）→減法，異符号→加法

解き方と答え

❶ ①＋② を計算して，

$$\begin{array}{rr} ① & 2x+y=7 \\ ② & +)\ \ x-y=2 \\ \hline & 3x \quad =9 \\ & x=3 \end{array}$$

$x=3$ を②に代入すると，

$3-y=2$　$y=1$

答　$x=3$，$y=1$

❷ ①－② を計算して，

$$\begin{array}{rr} ① & 3x-2y=-1 \\ ② & -)\ 3x+\ \ y=-4 \\ \hline & -3y=3 \\ & y=-1 \end{array}$$

$y=-1$ を①に代入すると，

$3x+2=-1$　$x=-1$

答　$x=-1$，$y=-1$

例題② 加減法による解き方 ②

次の連立方程式を加減法で解きなさい。

❶ $\begin{cases} 3x+4y=1 & \cdots\cdots① \\ x-2y=7 & \cdots\cdots② \end{cases}$

❷ $\begin{cases} 3x+2y=12 & \cdots\cdots① \\ 2x-3y=-5 & \cdots\cdots② \end{cases}$

ポイント そろえやすいほうの係数の絶対値をそろえる。

解き方と答え

❶ xの係数をそろえる。

$$\begin{array}{rr} ① & 3x+4y=1 \\ ②\times3 & -)\ 3x-6y=21 \\ \hline & 10y=-20 \\ & y=-2 \end{array}$$

$y=-2$ を②に代入すると，

$x=3$

答　$x=3$，$y=-2$

❷ yの係数の絶対値をそろえる。

$$\begin{array}{rr} ①\times3 & 9x+6y=36 \\ ②\times2 & +)\ 4x-6y=-10 \\ \hline & 13x \quad =26 \\ & x=2 \end{array}$$

$x=2$ を①に代入すると，

$y=3$

答　$x=2$，$y=3$

月　日

11. 連立方程式の解き方 ②

① 代入法（だいにゅうほう）による解き方 ①★★

問 連立方程式 $\begin{cases} y=x-2 & \cdots\cdots① \\ 4x-3y=11 & \cdots\cdots② \end{cases}$ を解きなさい。

解 ①を②に代入して，y を消去する。

$y=x-2$
↓代入

$4x-3y=11 \rightarrow 4x-3(x-2)=11$

$4x-3x+6=11$

$x=5$

$x=5$ を①に代入すると，$y=5-2=3$

答 $x=5$，$y=3$

● 連立方程式の一方の式を他方の式に代入することによって，1つの文字を消去して解く方法を代入法という。

② 代入法による解き方 ②★★

問 連立方程式 $\begin{cases} x+2y=1 & \cdots\cdots① \\ 2x-3y=9 & \cdots\cdots② \end{cases}$ を解きなさい。

解 ①を x について解くと，
$x=1-2y$ ……③

$x=$～の形にすれば，代入法が使える。

③を②に代入すると，$2(1-2y)-3y=9$

$2-4y-3y=9$

$y=-1$

$y=-1$ を③に代入して，$x=1+2=3$

答 $x=3$，$y=-1$

得点UP! 連立方程式は加減法でも代入法でも解けるが，$x=$〜 や $y=$〜 の形の式があるときは代入法で考えるとよい。

例題① 代入法による解き方 ①

次の連立方程式を代入法で解きなさい。

❶ $\begin{cases} y=x+2 & \cdots\cdots① \\ x+y=10 & \cdots\cdots② \end{cases}$

❷ $\begin{cases} 4x-2y=0 & \cdots\cdots① \\ x=2y+6 & \cdots\cdots② \end{cases}$

ポイント $x=$□ か $y=$□ を，他方の式に代入する。

解き方と答え

❶ ①を②に代入すると，

$x+(x+2)=10$

$2x+2=10$

$2x=8 \quad x=4$

$x=4$ を①に代入すると，

$y=4+2=6$

答 $x=4,\ y=6$

❷ ②を①に代入すると，

$4(2y+6)-2y=0$

$8y+24-2y=0$

$6y=-24 \quad y=-4$

$y=-4$ を②に代入すると，

$x=2\times(-4)+6=-2$

答 $x=-2,\ y=-4$

例題② 代入法による解き方 ②

次の連立方程式を代入法で解きなさい。

❶ $\begin{cases} x-2y=4 & \cdots\cdots① \\ 3x+4y=2 & \cdots\cdots② \end{cases}$

❷ $\begin{cases} 2y=-3x+31 & \cdots\cdots① \\ 4x-2y=4 & \cdots\cdots② \end{cases}$

ポイント ①か②を，代入できる形になおして代入する。

解き方と答え

❶ ①より，$x=4+2y$ ……③

③を②に代入すると，

$3(4+2y)+4y=2$

$12+6y+4y=2 \quad y=-1$

$y=-1$ を③に代入すると，

$x=2$

答 $x=2,\ y=-1$

❷ ①を②の $2y$ に代入すると，

$4x-(-3x+31)=4$

$7x=35 \quad x=5$

$x=5$ を①に代入すると，

$y=8$

答 $x=5,\ y=8$

月　日

12. いろいろな連立方程式 ①

① かっこのある連立方程式★★

問 連立方程式 $\begin{cases} 3x+4y=7 & \cdots\cdots① \\ 4x-(x+y)=2 & \cdots\cdots② \end{cases}$ を解きなさい。

解 ②のかっこをはずして整理すると，$4x-x-y=2$

$3x-y=2$ ……③

$$\begin{array}{lrl} ① & & 3x+4y=7 \\ ③ & -) & 3x-\ \ y=2 \\ \hline & & \ \ \ \ \ \ \ 5y=5 \\ & & \ \ \ \ \ \ \ \ \ y=1 \end{array}$$

$y=1$ を①に代入すると，$3x+4=7$　$x=1$

答　$x=1$，$y=1$

● かっこのある式はかっこをはずして整理する。

② 小数をふくむ連立方程式★★

問 連立方程式 $\begin{cases} 0.7x-0.2y=0.3 & \cdots\cdots① \\ 0.02x-0.03y=0.13 & \cdots\cdots② \end{cases}$ を解きなさい。

解 ①の両辺を 10 倍すると，$7x-2y=3$ ……③

②の両辺を 100倍 すると，$2x-3y=13$ ……④

係数を整数になおす。

$$\begin{array}{lrl} ③\times3 & & 21x-6y=9 \\ ④\times2 & -) & \ \ 4x-6y=26 \\ \hline & & 17x\ \ \ \ \ \ \ \ =-17 \\ & & \ \ \ \ \ \ \ \ \ x=-1 \end{array}$$

$x=-1$ を③に代入して，$-7-2y=3$　$y=-5$

答　$x=-1$，$y=-5$

● 係数が小数のとき，10 倍，100 倍などして整数になおす。

得点UP! 式を何倍かして小数を整数になおすとき，小数点以下のけた数が最も大きいものに着目して何倍するかを決める。

例題① かっこのある連立方程式

連立方程式 $\begin{cases} 2(a-b)+3b=-5 & \cdots\cdots① \\ 7a-3(2a-b)=5 & \cdots\cdots② \end{cases}$ を解きなさい。

ポイント かっこのある式は，かっこをはずして整理する。

解き方と答え

①のかっこをはずして整理すると，$2a+b=-5$ ……③

②のかっこをはずして整理すると，$a+3b=5$ ……④

$$\begin{array}{lrl} ③\times3 & 6a+3b & =-15 \\ ④ & -)\quad a+3b & =5 \\ \hline & 5a & =-20 \\ & a & =-4 \end{array}$$

$a=-4$ を③に代入すると，$b=3$

答 $a=-4$，$b=3$

整数部分にかけ忘れないようにしよう

例題② 小数をふくむ連立方程式

連立方程式 $\begin{cases} 0.14x-0.35y=0.77 & \cdots\cdots① \\ 1.4x+1.3y=-6.7 & \cdots\cdots② \end{cases}$ を解きなさい。

ポイント 10倍，100倍して，小数の係数を整数になおす。

解き方と答え

①の両辺を100倍すると，$14x-35y=77$ ……③

②の両辺を10倍すると，$14x+13y=-67$ ……④

$$\begin{array}{lrl} ③ & 14x-35y & =77 \\ ④ & -)\ 14x+13y & =-67 \\ \hline & -48y & =144 \\ & y & =-3 \end{array}$$

$y=-3$ を④に代入すると，$x=-2$

答 $x=-2$，$y=-3$

part 1 式の計算 part 2 連立方程式 part 3 1次関数 part 4 平行と合同 part 5 三角形と四角形 part 6 確率とデータの分析

月　日

13. いろいろな連立方程式 ②

① 分数をふくむ連立方程式★★★

問 連立方程式 $\begin{cases} \dfrac{x}{3}+\dfrac{y}{2}=1 & \cdots\cdots ① \\ 5x+4y=1 & \cdots\cdots ② \end{cases}$ を解きなさい。

解 ①の両辺に 6 をかけると，

$2x+3y=6$ ……③

係数を整数になおす。

$$\begin{array}{lrl} ②\times 3 & & 15x+12y=3 \\ ③\times 4 & -) & 8x+12y=24 \\ \hline & & 7x \qquad\quad =-21 \\ & & \qquad\quad x=-3 \end{array}$$

$x=-3$ を②に代入すると，$-15+4y=1$　$y=4$

答　$x=-3$，$y=4$

● 係数に分数をふくむ方程式を解くときは，分母の最小公倍数を両辺にかけて，係数を整数になおす。

② $A=B=C$ の形をした方程式★★

$A=B=C$

㋐ $\begin{cases} A=B \\ A=C \end{cases}$　㋑ $\begin{cases} A=B \\ B=C \end{cases}$　㋒ $\begin{cases} A=C \\ B=C \end{cases}$

● $A=B=C$ の形をした方程式は，上の㋐，㋑，㋒のうち，いずれかの連立方程式をつくって解く。

例 $x-y=2x+y=6 \rightarrow \begin{cases} x-y=6 \\ 2x+y=6 \end{cases}$

$A=B=C$ の形の方程式は，最も簡単な式を2度使った連立方程式をつくると，あとの計算が楽になる。

例題① 分数をふくむ連立方程式

次の連立方程式を解きなさい。

❶ $\begin{cases} \dfrac{x}{4}-\dfrac{y}{5}=-1 & \cdots\cdots① \\ \dfrac{x}{2}-\dfrac{y}{3}=-2 & \cdots\cdots② \end{cases}$

❷ $\begin{cases} 0.1x-0.3y=1 & \cdots\cdots① \\ x-\dfrac{y+2}{2}=4 & \cdots\cdots② \end{cases}$

ポイント 何倍かして，係数を整数になおす。

解き方と答え

❶ ①の両辺に20をかけて，

$5x-4y=-20$ ……③

②の両辺に6をかけて，

$3x-2y=-12$ ……④

$$\begin{array}{lrl} ③ & 5x-4y & =-20 \\ ④\times2 & -)\ 6x-4y & =-24 \\ \hline & -x & =4 \\ & x & =-4 \end{array}$$

$x=-4$ を④に代入すると，$y=0$

答 $x=-4$，$y=0$

❷ ①の両辺を10倍して，

$x-3y=10$ ……③

②の両辺に2をかけて，

$2x-(y+2)=8$

$2x-y=10$ ……④

$$\begin{array}{lrl} ③\times2 & 2x-6y & =20 \\ ④ & -)\ 2x-\ \ y & =10 \\ \hline & -5y & =10 \\ & y & =-2 \end{array}$$

$y=-2$ を③に代入すると，$x=4$

答 $x=4$，$y=-2$

例題② $A=B=C$ の形をした方程式

方程式 $4x-3y+7=x-y=3x+y-2$ を解きなさい。

ポイント いずれかの式を2回使って連立方程式をつくる。

解き方と答え

$x-y$ を2回使って連立方程式をつくると，

$$\begin{cases} 4x-3y+7=x-y \\ x-y=3x+y-2 \end{cases} \rightarrow \begin{cases} 3x-2y=-7 \\ 2x+2y=2 \end{cases}$$

これを解いて，$x=-1$，$y=2$

月　日

14. 連立方程式の利用 ①

① 定数をふくむ連立方程式★★

問 $\begin{cases} ax-2y=-2 & \cdots\cdots① \\ 3x+4y=9 & \cdots\cdots② \end{cases}$ と $\begin{cases} 3x+2y=3 & \cdots\cdots③ \\ -x+by=10 & \cdots\cdots④ \end{cases}$ が同じ解をもつとき，a，b の値を求めなさい。

解 ①～④の 4 つの方程式は同じ解をもつから，

$$\begin{cases} 3x+4y=9 & \cdots\cdots② \\ 3x+2y=3 & \cdots\cdots③ \end{cases}$$

②と③には，a と b がないので，x，y について解ける。

この連立方程式を解くと，$x=-1$，$y=3$

$x=-1$，$y=3$ を①に代入して，$a=-4$

$x=-1$，$y=3$ を④に代入して，$b=3$

② 代金の問題★★

問 ノート 3 冊と鉛筆(えんぴつ) 2 本で 460 円，ノート 1 冊と鉛筆 2 本で 220 円である。ノート 1 冊，鉛筆 1 本の値段はそれぞれ何円ですか。

解 ノート 1 冊の値段を x 円，鉛筆 1 本の値段を y 円とすると，

何を x，y で表すか決める。

$$\begin{cases} 3x+2y=460 \\ x+2y=220 \end{cases}$$

方程式をつくる。

これを解くと，$x=120$，$y=50$

方程式を解く。

これらは問題に適している。

答 ノート 1 冊 120 円，鉛筆 1 本 50 円

答えを決める。

- 方程式を使って問題を解く手順は，
  - ① 問題の内容を整理して，何を x，y で表すか決める。
  - ② 等しい関係にある数量を見つけて，方程式をつくる。
  - ③ 方程式を解く。
  - ④ 解が問題に適しているかどうか確かめ，答えを決める。

得点UP! 連立方程式を利用して文章題を解くときは，何をxに，何をyにするかを示すようにする。

例題① 定数をふくむ連立方程式

次の❶，❷の連立方程式は同じ解をもつという。a，bの値を求めなさい。

❶ $\begin{cases} x-3y=9 & \cdots\cdots① \\ ax+by=7 & \cdots\cdots② \end{cases}$　❷ $\begin{cases} bx+ay=-8 & \cdots\cdots③ \\ 2x+y=4 & \cdots\cdots④ \end{cases}$

ポイント 組み合わせを変えて同じ解を求め，残りに代入する。

解き方と答え

❶，❷の4つの方程式が同じ解をもつから，❶の①と❷の④を組み合わせる。それを解くと $x=3$，$y=-2$

これを残りの式に代入すると，$\begin{cases} 3a-2b=7 \\ 3b-2a=-8 \end{cases}$

これを解いて，$a=1$，$b=-2$

組み合わせる式はどれかな？

例題② 代金の問題

2種類のお菓子A，Bがある。A1個とB2個の代金の合計は150円，A2個とB3個の代金の合計は260円である。A1個，B1個の値段をそれぞれ求めなさい。

ポイント 代金＝1個の値段×個数 を用いる。

解き方と答え

A1個の値段をx円，B1個の値段をy円とする。

A1個とB2個の代金の合計は150円だから，

$x+2y=150$ ……①

A2個とB3個の代金の合計は260円だから，

$2x+3y=260$ ……②

①，②を連立方程式として解くと，$x=70$，$y=40$

これらは問題に適している。

答 A1個70円，B1個40円

テストで注意

答えの単位をつけ忘れないように注意しよう。

part 1 式の計算 part 2 連立方程式 part 3 1次関数 part 4 平行と合同 part 5 三角形と四角形 part 6 確率とデータの分析

月　日

15. 連立方程式の利用 ②

① 速さの問題★★★

問 峠(とうげ)をこえて，A 町から 10 km 離(はな)れた B 町へ行くのに，峠までを時速 3 km，峠から B 町までを時速 4 km で歩いたところ，ちょうど 3 時間かかった。A 町から峠までの道のりを求めなさい。

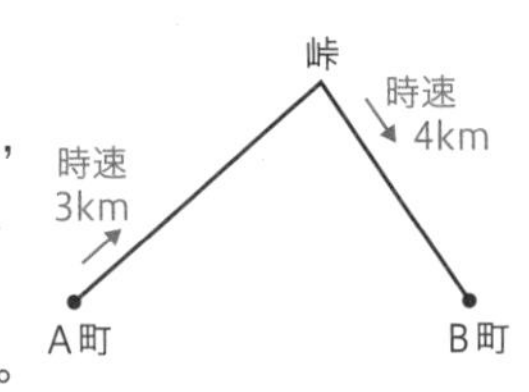

解 A 町から峠までの道のりを x km，峠から B 町までの道のりを y km とする。時間 $=\dfrac{\text{道のり}}{\text{速さ}}$ だから，

A 町から峠まで行くのにかかる時間は，$\dfrac{x}{3}$ 時間。

峠から B 町まで行くのにかかる時間は，$\dfrac{y}{4}$ 時間。

線分図に表すと，次のようになる。

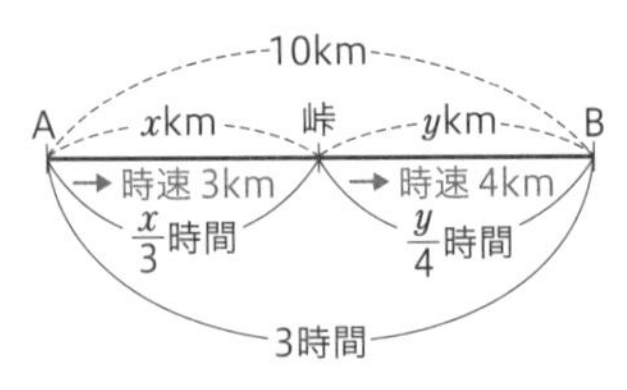

A 町から B 町まで 10 km だから，$x+y=10$ ……①

かかった時間の合計が 3 時間だから，$\dfrac{x}{3}+\dfrac{y}{4}=3$ ……②

①，②の連立方程式を解くと，$x=6$，$y=4$

これらは問題に適している。　　答　6 km

● 速さに関する文章題では，次の公式を使って方程式をつくることを考える。

速さ $=\dfrac{\text{道のり}}{\text{時間}}$　　時間 $=\dfrac{\text{道のり}}{\text{速さ}}$　　道のり $=$ 速さ $\times$ 時間

得点UP! 何をx，yで表すかによって，同じ問題でもいろいろな方程式をつくることができる。

例題① 速さの問題 ①

Aさんは10時に家を出て，2280 m離れた駅へ向かった。はじめは毎分60 mの速さで歩き，途中(とちゅう)から毎分140 mの速さで走ったら，駅に10時22分に着いた。歩いた時間は何分ですか。

ポイント 道のり＝速さ×時間 を用いる。

解き方と答え

歩いた時間をx分，走った時間をy分とすると，

家から駅まで行くのにかかった時間が22分だから，$x+y=22$ ……①

家から駅までの道のりが2280 mだから，$60x+140y=2280$ ……②

（$60x$：歩いた道のり，$140y$：走った道のり）

①，②の連立方程式を解くと，$x=10$，$y=12$

これらは問題に適している。

答　10分

例題② 速さの問題 ②

1周2160 mのジョギングコースを，A，Bの2人が同じ地点から同時にまわる。2人が反対方向に走ると，出発してから6分後に出会い，2人が同じ方向に走ると，出発してから36分後にAはBをちょうど1周追いこす。A，Bの走る速さをそれぞれ求めなさい。

ポイント 2人が進む道のりの和や差について考える。

解き方と答え

Aの速さを分速x m，Bの速さを分速y mとする。

反対方向に走ると6分で出会うから，$6x+6y=2160$ ……①

同じ方向に走ると36分でAが1周の差をつけてBに追いつくから，

$36x-36y=2160$ ……②

①，②を連立方程式として解くと，$x=210$，$y=150$

これらは問題に適している。

答　Aの速さ…分速210 m，Bの速さ…分速150 m

月　日

16. 連立方程式の利用 ③

① 割合の問題★★★

問 ある中学校の昨年度の生徒数は490人だった。今年度は，男子が5％増え，女子が4％減ったので，生徒数は全体として2人増えた。今年度の男子，女子の生徒数をそれぞれ求めなさい。

解 昨年度の男子の生徒数をx人，女子の生徒数をy人とする。

もととなる昨年度の人数をx，yで表す。

昨年度の生徒数の関係から，

$x+y=490$ ……①

増えた生徒数の関係から，

$0.05x-0.04y=2$ ……②

①，②を連立方程式として解くと，$x=240$，$y=250$

今年度の男子の生徒数は，$240\times(1+0.05)=252$（人）

今年度の女子の生徒数は，$250\times(1-0.04)=240$（人）

答 男子…252人，女子…240人

（別解）今年度の生徒数の関係から，

$1.05x+0.96y=490+2$ ……③

②の式の代わりに，①，③の連立方程式を解いて求めることもできる。

● 割合の表し方

1％ → 0.01 または $\frac{1}{100}$　　1割 → 0.1 または $\frac{1}{10}$

a g の x％増…$a\left(1+\frac{x}{100}\right)$ g　　a g の x％減…$a\left(1-\frac{x}{100}\right)$ g

● 食塩水の問題で使われる公式

食塩の重さ＝食塩水の重さ×$\frac{\text{食塩水の濃度(のうど)(\%)}}{100}$

得点UP! ふつうは求めるものをx，yとして連立方程式をつくるが，式が複雑になるときはそれ以外のものをx，yにするとよい。

例題① 割合の問題

あるボランティア活動の今年の参加者数は165人である。今年は昨年と比べると，男性は10％減り，女性は5％増え，全体では5人減った。今年の男性，女性の参加者数をそれぞれ求めなさい。

ポイント 昨年の男女の参加者数をx，yを使って表す。

解き方と答え

昨年の男性の参加者数をx人，女性の参加者数をy人とすると，

昨年の参加者数は $165+5=170$（人）だから，$x+y=170$ ……①

減った参加者数の関係から，$-0.1x+0.05y=-5$ ……②

①，②を連立方程式として解くと，$x=90$，$y=80$

今年の男性の参加者数は，$90\times0.9=81$（人）

今年の女性の参加者数は，$80\times1.05=84$（人）

答 男性…81人，女性…84人

例題② 食塩水の問題

4％の食塩水と10％の食塩水を混ぜて，8％の食塩水を450gつくりたい。2種類の食塩水をそれぞれ何g混ぜればよいですか。

ポイント 混ぜる前後で，食塩水と食塩の全体量は変わらない。

解き方と答え

4％の食塩水をxg，10％の食塩水をyg混ぜるとする。

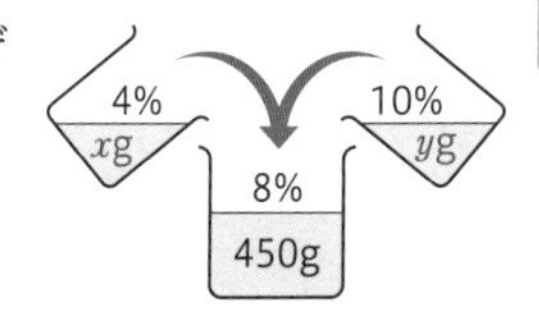

食塩水の重さの関係から，$x+y=450$ ……①

食塩の重さの関係から，

$$\frac{4}{100}x+\frac{10}{100}y=\frac{8}{100}\times450 \quad ……②$$

①，②の連立方程式を解くと，$x=150$，$y=300$

これらは問題に適している。

答 4％の食塩水150g，10％の食塩水300g

まとめテスト

月　日

□❶ 2つの文字をふくむ一次方程式を何といいますか。

□❷ x と y をふくむ2つの方程式を同時に成り立たせる x と y の組を何といいますか。

□❸ 次のア～ウの値（あたい）の組で，連立方程式

$\begin{cases} 5x+3y=10 \\ -2x+y=7 \end{cases}$ の解はどれですか。

ア $\begin{cases} x=-3 \\ y=1 \end{cases}$　イ $\begin{cases} x=2 \\ y=0 \end{cases}$　ウ $\begin{cases} x=-1 \\ y=5 \end{cases}$

□❹ 連立方程式 $\begin{cases} 4x-y=2 & \cdots\cdots① \\ y=-2x+1 & \cdots\cdots② \end{cases}$ を解いた過程を表したものである。ア～ウにあてはまる数を答えなさい。

②を①に代入して，

$4x-(-2x+1)=2$　$\boxed{ア}x=3$　$x=\boxed{イ}$

これを②に代入して，

$y=-2\times\boxed{イ}+1=\boxed{ウ}$

□❺ 次の連立方程式を解きなさい。

① $\begin{cases} x+2y=1 \\ x-y=-2 \end{cases}$　② $\begin{cases} x=y-4 \\ 4x+7y=-5 \end{cases}$

③ $\begin{cases} \frac{1}{2}x+3y=3 \\ 3y=2x-7 \end{cases}$　④ $\begin{cases} 1.2x+2y=0.8 \\ -9x-7y=-2 \end{cases}$

⑤ $\begin{cases} 0.24x+0.36y=-1.08 \\ \frac{1}{4}x-\frac{5}{12}y=\frac{5}{4} \end{cases}$

⑥ $\begin{cases} 7x-2(x+3y)=0 \\ 5(-x+y)-2y=-15 \end{cases}$

❶ 2元1次方程式

❷ 連立方程式の解

❸ ウ

解き方　代入して，どちらの式も成り立つものを探す。

❹ ア 6

イ $\frac{1}{2}$

ウ 0

❺ ① $x=-1$，$y=1$

② $x=-3$，$y=1$

③ $x=4$，$y=\frac{1}{3}$

④ $x=-\frac{1}{6}$，$y=\frac{1}{2}$

⑤ $x=0$，$y=-3$

⑥ $x=6$，$y=5$

解き方　⑤ 上の式に100をかけて12でわると，

$2x+3y=-9$…㋐

下の式に12をかけると，

$3x-5y=15$…㋑

㋐と㋑の連立方程式を解く。

□❻ コインを投げて，表が出たら +4 点，裏が出たら −1 点となる。次の問いに答えなさい。ただし，続けてコインを投げるとき，その合計を得点とする。

① コインを 5 回投げ，表が 4 回出たときの得点を求めなさい。

② コインを 10 回投げたところ，得点は 5 点となった。表を何回出したか求めなさい。

□❼ 36 km 離(はな)れた P 地点から Q 地点まで船が往復したところ，上りに 3 時間，下りに 2 時間 15 分かかった。このとき，船の静水時の速さと川の流れる速さを答えなさい。

□❽ 6 %と 11 %の食塩水を混ぜ合わせて，そこに 100 g の水を入れると 5 %の食塩水 225 g になった。6 %と11 %の食塩水をそれぞれ何 g ずつ混ぜればよいか求めなさい。

□❾ 1 個 200 円の商品 A と 1 個 500円の商品 B の 昨日の売り上げは合わせて 300 個である。今日は，昨日より商品 A の個数は 12 %減り，商品 B の個数は 8 %増えたので，売り上げは 800 円増えた。今日の商品 A と商品 B の売上個数を求めなさい。

❻ ① 15 点

② 3 回

解き方 ② 表が x 回，裏が y 回出たとすると，

$$\begin{cases} x+y=10 \\ 4x-y=5 \end{cases}$$

❼ 船 時速 14 km

川 時速 2 km

解き方 船の速さを時速 x km，川の速さを時速 y km とすると，

$$\begin{cases} 3(x-y)=36 \\ \frac{9}{4}(x+y)=36 \end{cases}$$

❽ 6 %の食塩水 50 g

11 %の食塩水 75 g

解き方 6 %の食塩水を x g，11 %の食塩水 y g とすると，

$$\begin{cases} 0.06x+0.11y=225\times0.05 \\ x+y+100=225 \end{cases}$$

❾ 商品 A 154 個

商品 B 135 個

解き方 昨日，商品 A は x 個，商品 B は y 個売れたとすると，
売り上げの増減は，
$200\times(-0.12x)+500\times0.08y=800$
これを整理して，
$-24x+40y=800$
よって，

$$\begin{cases} x+y=300 \\ -24x+40y=800 \end{cases}$$

part3 1次関数

月　日

17. 1次関数と変化の割合

① 1次関数★★

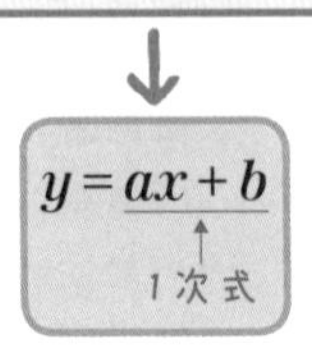

Check!
- 比例 $y=ax$ は1次関数において，$b=0$ の場合である。
- 反比例 $y=\frac{a}{x}$ は，1次関数ではない。

- y が x の関数で，y が x の1次式で表されるとき，**y は x の1次関数であるという。**
- 一次関数は，一般(いっぱん)に，$\boldsymbol{y=ax+b}$ (a, b は定数) の式で表される。

② 1次関数の変化の割合★★

1次関数 $y=ax+b$ において，**変化の割合** $=\dfrac{y\text{の増加量}}{x\text{の増加量}}=a$

例　1次関数 $y=2x+1$ において，

変化の割合 $=\dfrac{y\text{の増加量}}{x\text{の増加量}}$ より，$\dfrac{4}{2}=2$，$\dfrac{6}{3}=2$

x の増加量 → 2　　3

x	…	−2	…	0	…	1	…	4	…
y	…	−3	…	1	…	3	…	9	…

y の増加量 → 4　　6

- x の増加量に対する y の増加量の割合を変化の割合という。
- 1次関数 $y=ax+b$ の変化の割合は一定で，**x の係数 a** に等しい。
- 1次関数 $y=ax+b$ で，x の値がある値から1だけ増加すると，y の値は x の係数 a だけ増加する。

得点UP! 1次関数 $y=ax+b$ で，(yの増加量)$=a\times$(xの増加量) と表せるので，yの増加量はxの増加量に比例する。

例題① 1次関数

次のうち，y が x の1次関数であるものはどれですか。すべて選び，記号で答えなさい。

ア 半径 x cm の円周の長さは y cm である。

イ 1辺の長さ x cm の正方形の面積は y cm^2 である。

ウ 縦 x cm，横 y cm の長方形の面積は 26 cm^2 である。

エ 1個 60 円のみかん x 個を，150 円のかごにつめたときの代金は y 円である。

ポイント 式が $y=ax+b$ になれば，1次関数である。

解き方と答え

y を x の式に表して考える。

ア $y=2\pi x$　**比例**の関係だから，1次関数である。

イ $y=x^2$　x^2 は **2次式**だから，1次関数ではない。

ウ $y=\dfrac{26}{x}$　**反比例**の関係だから，1次関数ではない。

エ $y=60x+150$　$y=ax+b$ の形だから1次関数である。　**答** ア，エ

例題② 1次関数の変化の割合

❶ 次の1次関数の変化の割合を求めなさい。

① $y=4x-5$　　② $y=-3x+1$

❷ 1次関数 $y=3x-2$ で，x の増加量が5であるとき，y の増加量を求めなさい。

ポイント 1次関数 $y=ax+b$ の変化の割合は a である。

解き方と答え

❶ 変化の割合は x の係数に等しいので，

① **4**　② **−3**

❷ (y の増加量)$=3\times$(x の増加量)$=3\times5=$**15**

（3 ← 変化の割合）

月　日

18. 1次関数のグラフ ①

① 比例のグラフと1次関数のグラフ★

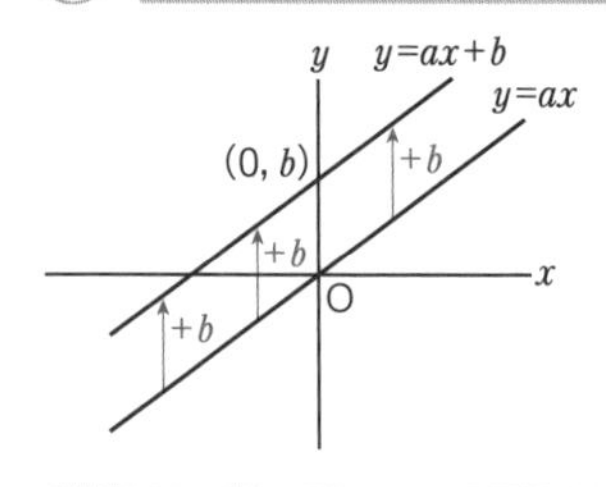

Check!
比例のグラフは，原点を通る直線である。

- 1次関数 $y=ax+b$ のグラフは，比例 $y=ax$ のグラフを，y 軸(じく)の正の方向に b だけ平行移動した直線である。

例　1次関数 $y=2x+3$ のグラフは，比例 $y=2x$ のグラフを y 軸の正の方向に3だけ平行移動したグラフである。

② 傾(かたむ)きと切片(せっぺん)★★★

❶ $a>0$ のとき

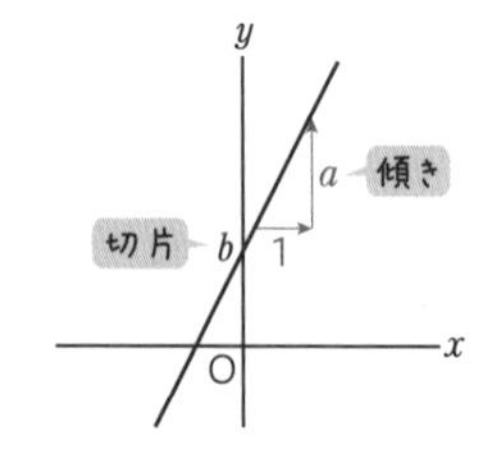

❷ $a<0$ のとき

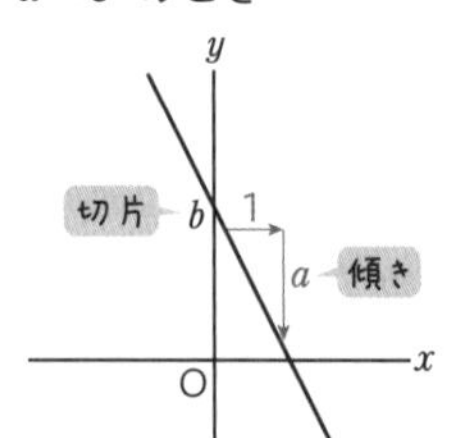

- 1次関数 $y=ax+b$ のグラフは，**傾き**が a，**切片**が b の直線である。傾きは x の増加量1に対する y の増加量で，変化の割合に等しい。切片はグラフと y 軸との交点 $(0,\ b)$ の y 座標の値(あたい)である。
- 1次関数 $y=ax+b$ のグラフは，$a>0$ のときは右上がりの直線，$a<0$ のときは右下がりの直線である。

1次関数 $y=ax+b$ で，$a>0$ のとき，xが増加すればyも増加する。$a<0$ のとき，xが増加すればyは減少する。

例題① 比例のグラフと1次関数のグラフ

次の1次関数のグラフは，比例 $y=-x$ のグラフを y 軸のどの方向にどれだけ平行移動したものか答えなさい。

❶ $y=-x+2$　　❷ $y=-x-3$

ポイント グラフをかいて調べる。

解き方と答え

x，y の値の表をつくり，グラフをかく。

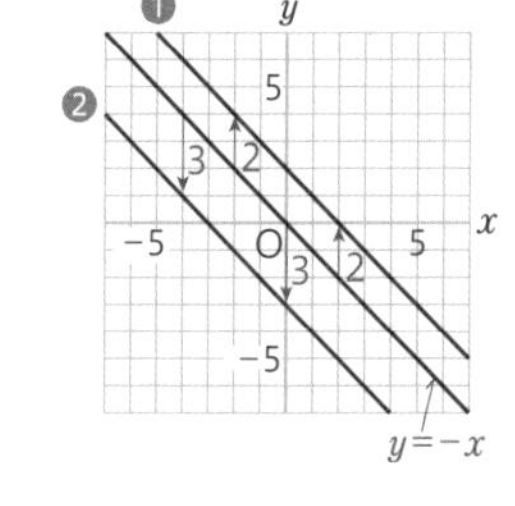

❶

x	−4	−2	0	2	4
y	6	4	2	0	−2

グラフは右の図のようになるので，

正の方向に 2

❷

x	−4	−2	0	2	4
y	1	−1	−3	−5	−7

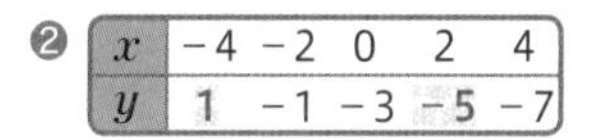

グラフは右の図のようになるので，負の方向に 3（正の方向に −3）

例題② 1次関数のグラフ ①

次の1次関数のグラフをかきなさい。

❶ $y=2x-1$　　❷ $y=-3x+2$

ポイント 切片と傾きからグラフが通る2点を見つける。

解き方と答え

❶ 切片が −1 だから，点 (0，−1) を通る。また，傾きが 2 だから，点 (0，−1) から右へ 1，上へ 2 だけ進んだ点 (1，1) を通る。

❷ 切片が 2 だから，点 (0，2) を通る。また，傾きが −3 だから，点 (0，2) から右へ 1，下へ 3 だけ進んだ点 (1，−1) を通る。

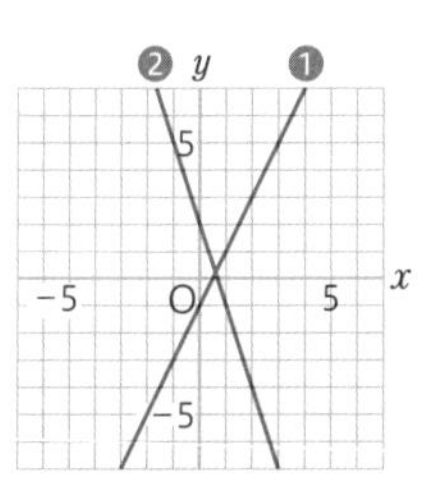

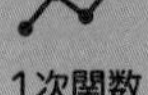

part3 1次関数

19. 1次関数のグラフ ②

月　日

① 傾き(かたむ)や切片が分数のグラフ★★

❶ $y=-\frac{2}{3}x+4$ のグラフ

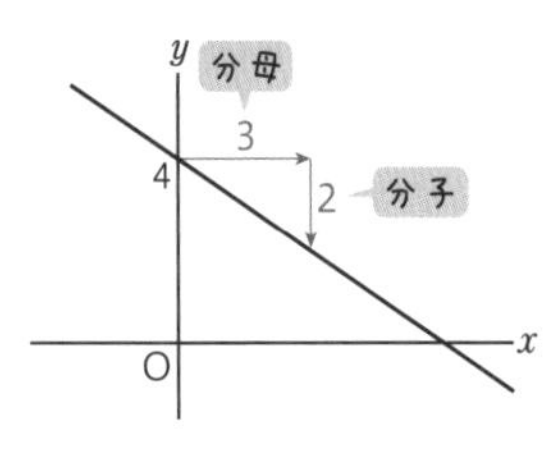

❷ $y=\frac{1}{2}x+\frac{1}{2}$ のグラフ

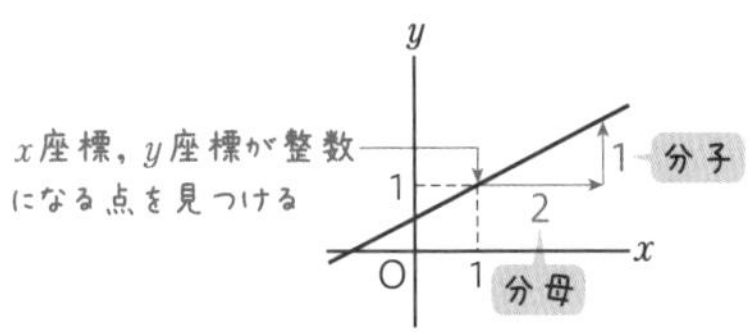

② 1次関数のグラフと変域★★

問 1次関数 $y=x+2$ で，x の変域を $1 \leqq x < 4$ としたときの y の変域を求めなさい。

解 右の図のように，グラフに表して調べる。

$x=1$ のとき，$y=\mathbf{3}$

$x=4$ のとき，$y=\mathbf{6}$

よって，y の変域は，

$\mathbf{3} \leqq y < \mathbf{6}$

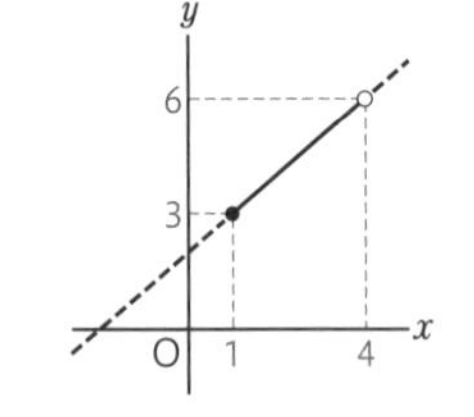

● 変域のある関数のグラフを表すとき，グラフの端(はし)の点をふくむときは●，ふくまないときは○で表す。

得点UP! 1次関数 $y=ax+b$ のグラフでは，a の絶対値が大きいほど，直線の傾きは急になる。

例題① 1次関数のグラフ ②

次の1次関数のグラフをかきなさい。

❶ $y=\frac{1}{2}x+1$　　❷ $y=-\frac{2}{3}x-\frac{4}{3}$

ポイント グラフが通る2点を見つける。

解き方と答え

❶ 切片が1だから，点 (0，1) を通る。

また，傾きが $\frac{1}{2}$ だから，点 (0，1) から右へ2，上へ1だけ進んだ点 (2，2) を通る。

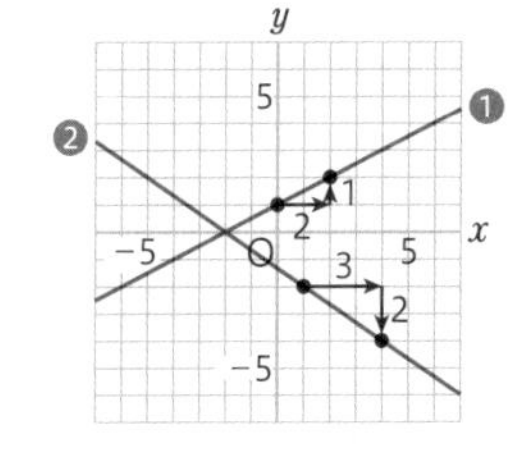

❷ x 座標，y 座標が共に整数になる点を見つける。$x=1$ のとき $y=-2$ だから，点 (1，−2)を通る。

また，点 (1，−2) から，右へ3，下へ2進んだ点 (4，−4) を通る。

例題② 1次関数のグラフと変域

1次関数 $y=-\frac{3}{4}x-1$ で，x の変域を $-4<x\leqq 4$ としたときの y の変域を求めなさい。

ポイント グラフに表して考える。

解き方と答え

$x=-4$ のとき，$y=2$

$x=4$ のとき，$y=-4$

右の図のようになるので，

$-4\leqq y<2$

←傾きが負なので，大小関係が x の変域とは逆になる

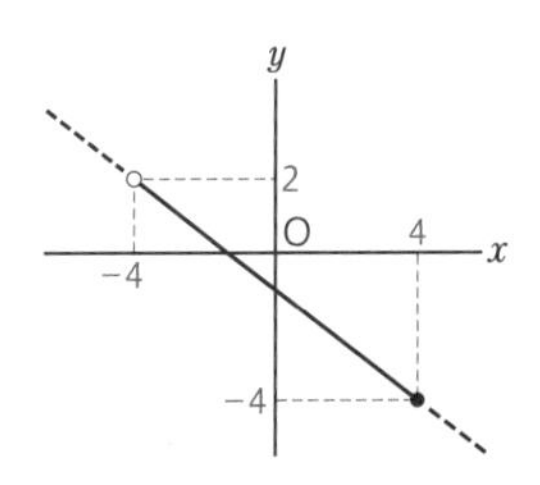

part 1 式の計算 part 2 連立方程式 part 3 1次関数 part 4 平行と合同 part 5 三角形と四角形 part 6 確率とデータの分析

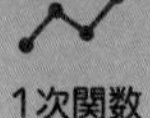

月　日

20. 1次関数の求め方 ①

① グラフから求める★★

問 右の直線の式から求めなさい。

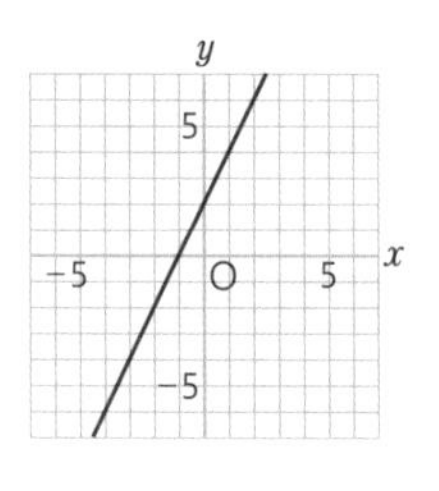

解 点 (0, 2) を通るから，

切片は 2

右へ 1 進むと，上へ 2 だけ進むから，傾き（かたむ）きは 2

よって，$y=2x+2$

切片を求める。

傾きを求める。

● 1次関数 $y=ax+b$ のグラフを直線 $y=ax+b$ という。直線の式を求めるには，傾き a と切片 b の値（あたい）を調べればよい。

② 傾きと1点の座標から求める★★★

問 傾きが -1 で，点 $(2,\ -4)$ を通る直線の式を求めなさい。

解 求める式を $y=ax+b$ とおく。

傾きが -1 だから，$y=-x+b$

$y=-x+b$ に $x=2$，$y=-4$ を代入すると，

$-4=-2+b$　$b=-2$

よって，$y=-x-2$

$y=ax+b$ の a に傾きを代入する。

1点の座標を x，y に代入する。

● 傾き（変化の割合）と 1 点の座標が与えられたときは，$y=ax+b$ の a に傾きを，x，y に 1 点の座標を代入して b の値を求める。

● 直線 $y=px+q$ に平行な直線の傾きは p である。

得点UP! 1次関数では，変化の割合も傾きもxの値が1増加したときのyの増加量を表しているので同じである。

例題① グラフから求める直線の式

右の図の直線❶，❷の式を求めなさい。

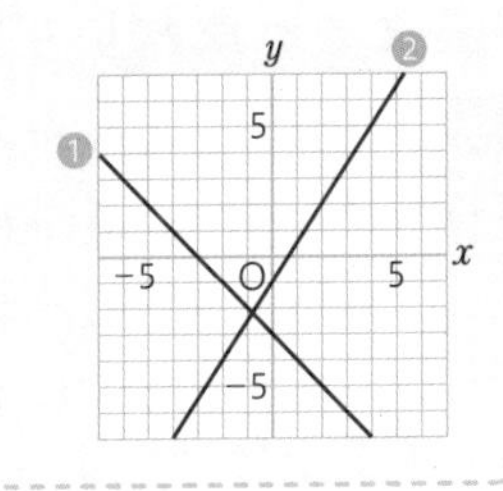

ポイント グラフから，傾きと切片を読みとる。

解き方と答え

❶ 点 (0, −3) を通り，右へ1進むと，下へ1だけ進むから，

$y=-x-3$

❷ 点 (0, −1) を通り，右へ2進むと，上へ3だけ進むから，

$y=\frac{3}{2}x-1$

例題② 傾きと1点の座標から求める直線の式

次の直線の式を求めなさい。

❶ 点 (2, −3) を通り，傾きが −2 の直線

❷ 点 (3, −4) を通り，$y=3x+6$ に平行な直線

ポイント 直線の式を $y=ax+b$ とする。

解き方と答え

❶ $a=-2$ より $y=-2x+b$

これが点 (2, −3) を通るから，$x=2$ のとき $y=-3$

式に代入して，$-3=-4+b$　$b=1$ より，$y=-2x+1$

❷ 平行な2直線の傾きは等しいから，$a=3$

よって，$y=3x+b$

これが点 (3, −4) を通るから，$x=3$ のとき $y=-4$

式に代入して，$-4=9+b$　$b=-13$ より，$y=3x-13$

月　日

21. 1次関数の求め方 ②

① 2点の座標から求める ①★★★

問 2点 (1, 7), (4, −2) を通る直線の式を求めなさい。

解 求める式を $y=ax+b$ とおく。

2点 (1, 7), (4, −2) を通るから,

傾(かたむ)き a は, $a=\dfrac{-2-7}{4-1}=-3$

> 2点の座標から傾きを求める。

$y=-3x+b$ に $x=1$, $y=7$ を代入すると,

$7=-3+b \quad b=10$

よって, $y=-3x+10$

> p.48 の②と同じように解く。

● 傾きは変化の割合に等しいから, 2点 $(x_1,\ y_1)$, $(x_2,\ y_2)$ を通る直線の傾き a は, $a=\dfrac{y_2-y_1}{x_2-x_1}$ で求められる。

② 2点の座標から求める ②★★★

問 2点 (1, 7), (4, −2) を通る直線の式を求めなさい。

解 求める式を $y=ax+b$ とおく。

$x=1$ のとき $y=7$ だから,

$7=a+b$ ……①

$x=4$ のとき $y=-2$ だから,

$-2=4a+b$ ……②

> 2点の座標を x, y に代入する。

①, ②を連立方程式として解くと,

$a=-3$, $b=10$

よって, $y=-3x+10$

> a, b についての連立方程式を解く。

2点を通る直線の式の求め方は2通りあるが，解きやすいほうを選べばよい。

例題① 2点の座標から求める直線の式 ①

次の問いに答えなさい。

❶ 2点 (1, 2), (4, −4) を通る直線の式を，直線の傾きを求めてから，求めなさい。

❷ 右の図の直線の式を求めなさい。

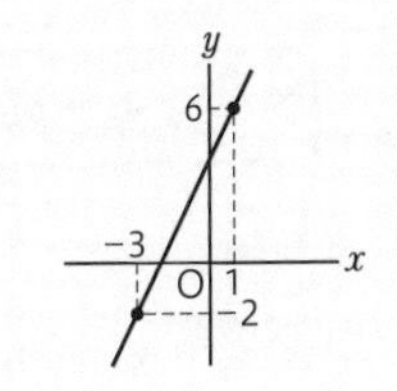

ポイント 変化の割合の式を使って傾き a を求める

解き方と答え

❶ この直線の傾きは $\dfrac{-4-2}{4-1}=\dfrac{-6}{3}=-2$ より，求める直線の式を

$y=-2x+b$ とする。

この式に $x=1$, $y=2$ を代入して，$2=-2+b$　$b=4$

よって，$y=-2x+4$

❷ 図から，直線の傾きは $\dfrac{6-(-2)}{1-(-3)}=\dfrac{8}{4}=2$ より，求める直線の式を

$y=2x+b$ とする。

この式に $x=1$, $y=6$ を代入して，$6=2+b$　$b=4$

よって，$y=2x+4$

例題② 2点の座標から求める直線の式 ②

2点 (1, 4), (−2, −2) を通る直線の式を，連立方程式を利用して求めなさい。

ポイント 2点の座標を $y=ax+b$ に代入 → 連立方程式

解き方と答え

求める直線の式を $y=ax+b$ とする。

$x=1$ のとき $y=4$ より，$4=a+b$ ……①

$x=-2$ のとき $y=-2$ より，$-2=-2a+b$ ……②

①，②を連立方程式として解くと，$a=2$, $b=2$

よって，$y=2x+2$

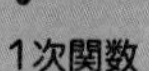

1次関数

22. 2元1次方程式のグラフ

月　日

① 方程式 $ax+by=c$ のグラフ★★

方程式 $ax+by=c$ のグラフ

↓ y について解く

1 次関数 $y=-\dfrac{a}{b}x+\dfrac{c}{b}$ のグラフ

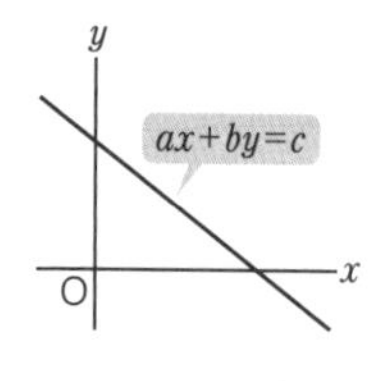

- 2元1次方程式 $ax+by=c$ のグラフは直線である。
- 方程式 $ax+by=c$ のグラフをかくには，その式を y について解いた1次関数 $y=-\dfrac{a}{b}x+\dfrac{c}{b}$ のグラフをかけばよい。

例 方程式 $3x+2y=6$ のグラフ

この式を y について解くと，

$$y=-\frac{3}{2}x+3$$

よって，右の図のようになる。

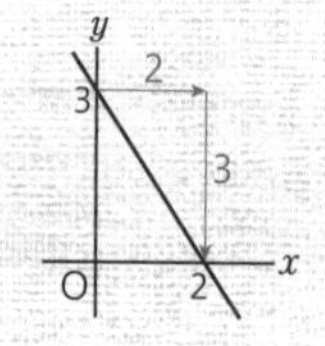

② 軸(じく)に平行な直線★★

❶ $x=k$ のグラフ

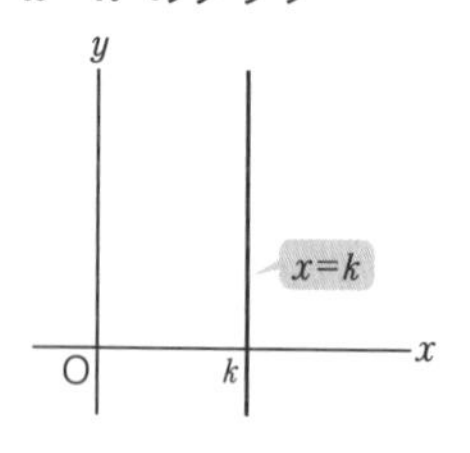

❷ $y=\ell$ のグラフ

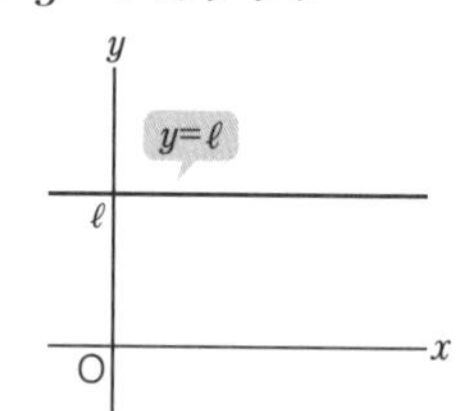

- $x=k$ のグラフは，点 $(k,\ 0)$ を通る y 軸に平行な直線である。
- $y=\ell$ のグラフは，点 $(0,\ \ell)$ を通る x 軸に平行な直線である。

2元1次方程式は直線だから，2組の解を見つけてグラフをかくこともできる。

例題① 方程式 $ax+by=c$ のグラフ

次の方程式のグラフをかきなさい。

❶ $2x+3y=6$　　❷ $4x-3y-12=0$

ポイント y について解き，1次関数の式にする。

解き方と答え

❶ $2x+3y=6$ を y について解くと，

$y=-\dfrac{2}{3}x+2$ だから，

傾き $-\dfrac{2}{3}$，切片 2 の直線になる。

(別解) $x=0$ のとき $y=2$，$y=0$ のとき $x=3$ だから，2 点 (0，2)，(3，0) を通る直線になる。

❷ $4x-3y-12=0$ を y について解くと，

$y=\dfrac{4}{3}x-4$ だから，

傾き $\dfrac{4}{3}$，切片 -4 の直線になる。

例題② 軸に平行な直線

次の方程式のグラフをかきなさい。

❶ $-4x=16$　　❷ $2y-9=-3$

ポイント $x=$〜，$y=$〜 の形の式にする。

解き方と答え

❶ $-4x=16$ より $x=-4$ だから，点 $(-4,\ 0)$ を通る y 軸に平行な直線になる。

❷ $2y-9=-3$ より $y=3$ だから，点 (0，3) を通る x 軸に平行な直線になる。

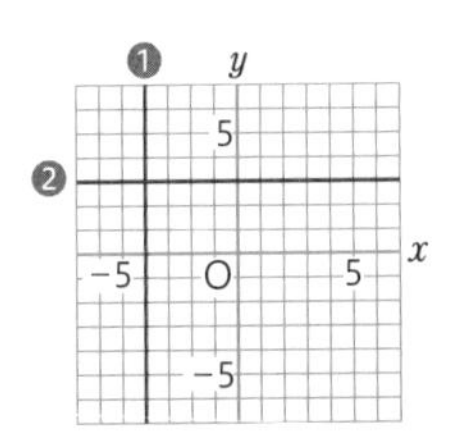

月　日

23. 連立方程式の解とグラフ

① 連立方程式の解とグラフ★★

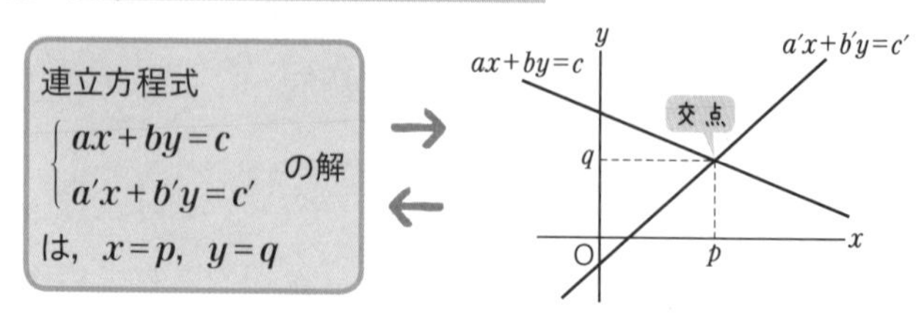

● x，y についての連立方程式の解は，それぞれの方程式のグラフの交点の x 座標，y 座標の組である。

例　2 つの方程式 $x-y=1$，$2x+y=2$ をグラフに表すと，右の図のようになる。

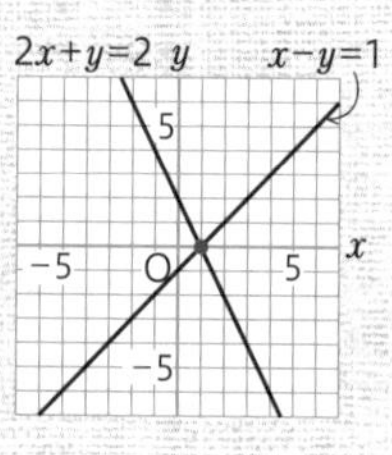

交点の座標は (1，0) だから，

連立方程式 $\begin{cases} x-y=1 \\ 2x+y=2 \end{cases}$ の解は，

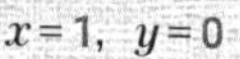
$x=1$，$y=0$

② 2直線の交点の座標の求め方★★★

問　直線 $y=x-1$ と直線 $y=-2x+5$ の交点の座標を求めなさい。

解　$y=x-1$ と $y=-2x+5$ を組にした連立方程式を解く。

$$\begin{cases} y=x-1 & \cdots\cdots① \\ y=-2x+5 & \cdots\cdots② \end{cases}$$

①を②に代入して，$x-1=-2x+5$

$$x=2$$

$x=2$ を①に代入して，$y=1$

答　(2，1)

● 2 直線の交点の座標は，2 つの直線の式を組にした連立方程式を解くことによって求められる。

得点UP! グラフから2つの直線の交点の座標を読み取ることができなくても連立方程式を解くことで求めることができる。

例題① 連立方程式の解とグラフ

連立方程式 $\begin{cases} 2x+y=5 & \cdots\cdots① \\ 4x-3y=15 & \cdots\cdots② \end{cases}$ の解を，グラフをかいて求めなさい。

ポイント 連立方程式の解は，グラフの交点の座標である。

解き方と答え

①，②の方程式のグラフをかくと，右の図のようになる。

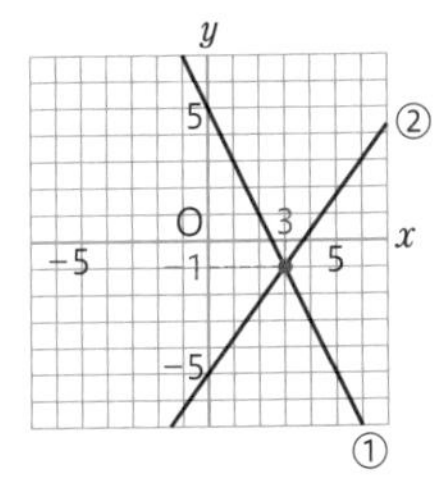

2 直線の交点の座標は (3, −1) である。

連立方程式の解は 2 つのグラフの交点の x 座標，y 座標の組だから，

$x=3$，$y=-1$

例題② 2直線の交点の座標

2 つの直線①，②が，右の図のように点 P で交わっている。点 P の座標を求めなさい。

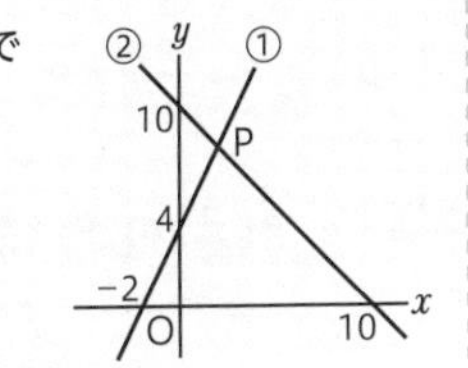

ポイント 2 直線の交点の座標は，連立方程式の解である。

解き方と答え

直線①，②の式はそれぞれ $y=2x+4$，$y=-x+10$ である。

点 P は①，②の交点であるから，連立方程式 $\begin{cases} y=2x+4 & \cdots\cdots① \\ y=-x+10 & \cdots\cdots② \end{cases}$

を解けばよい。

①を②に代入して，$2x+4=-x+10$　$3x=6$　$x=2$

$x=2$ を①に代入して，$y=8$

答 (2, 8)

月　日

24. 1次関数のグラフと図形

① 1次関数のグラフと三角形の面積★★★

❶

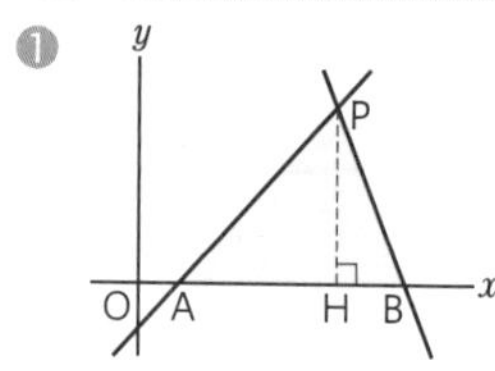

$\triangle PAB = \frac{1}{2} \times AB \times PH$

PH：点Pのy座標
AB：点Bのx座標－点Aのx座標

❷

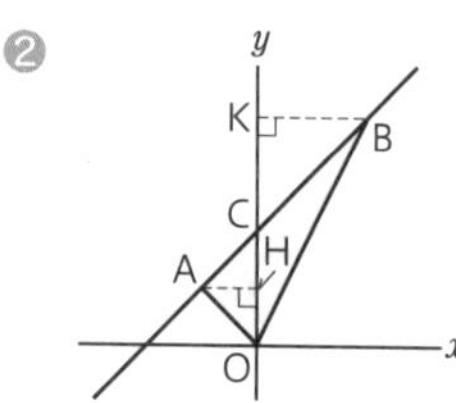

$\triangle OAB = \triangle OAC + \triangle OBC$

$= \frac{1}{2} \times OC \times AH + \frac{1}{2} \times OC \times BK$

OC：点Cのy座標
AH：点Aのx座標の絶対値
BK：点Bのx座標

- 座標平面上の三角形の面積を求めるときは，軸（じく）や軸に平行な線分を底辺や高さにすることを考える。
- ❷で $\triangle OAB = \frac{1}{2} \times OC \times$（点Bの$x$座標－点Aの$x$座標）を使って求めることも出来る。

② 三角形の面積の2等分★★

三角形の1つの頂点を通り，
向かい合う辺の中点を通る直線

↓

三角形の面積を2等分する。

- 底辺の長さと高さが等しい2つの三角形は，面積が等しい。
- 2点$(a,\ b)$，$(c,\ d)$を結ぶ線分の中点の座標は，
$\left(\frac{a+c}{2},\ \frac{b+d}{2}\right)$である。

得点UP! 座標平面上で三角形の面積を求めるときは，まず各頂点の座標を求めることから考えるとよい。

例題① 1次関数のグラフと図形

右の図で，直線①は $y=\frac{1}{2}x-4$，直線②は $y=-x+5$ のグラフである。点Aは直線①と②の交点で，2点B，Cはそれぞれ y 軸と直線①，②との交点である。次の問いに答えなさい。

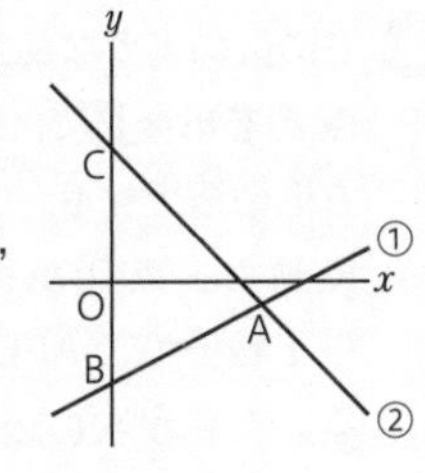

❶ 点Aの座標を求めなさい。
❷ △ABCの面積を求めなさい。
❸ 点Bを通り，△ABCの面積を2等分する直線の式を求めなさい。

ポイント ❸ 点BとACの中点を通る直線の式を求める。

解き方と答え

❶ 直線①の式を直線②の式に代入して，$\frac{1}{2}x-4=\mathbf{-x+5}$

$x=6$

$x=6$ を直線②の式に代入して，$y=-6+5=-1$

よって，A(**6**，**−1**)

❷ 直線①の式よりB(0，−4)，直線②の式よりC(**0**，**5**) だから，

$BC=5-(-4)=\mathbf{9}$

△ABCの面積はBCを底辺とすると，高さは点Aの x 座標になるから，

$\triangle ABC=\frac{1}{2}\times9\times\mathbf{6}=27$

❸ 2点C(0，5)，A(6，−1) の中点の座標は，

$\left(\frac{0+6}{2},\ \frac{\mathbf{5-1}}{2}\right)=(3,\ 2)$

B(0，−4) と (3，2) を通る直線の傾き（かたむ）きは，$\frac{2-(-4)}{3-\mathbf{0}}=2$

また，点Bを通るから切片は **−4** である。

したがって，この直線の式は，$y=\mathbf{2x-4}$

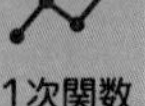

月　　日

25. 1次関数の利用

① 図形の周上を動く点の問題★★

問 右の図のような長方形ABCDで，点Pは点Aを出発して，毎秒1 cmの速さで長方形の辺上をB，C，Dの順に頂点Dまで動く。点Pが頂点Aを出発してからx秒後の△APDの面積をy cm^{2}とする。点Pが次の辺上を動くとき，yをxの式で表し，xの変域も書きなさい。

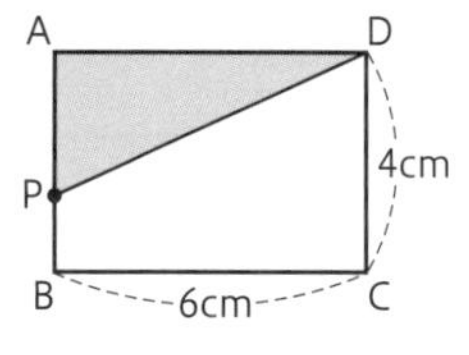

① 辺AB上　　② 辺BC上　　③ 辺CD上

解 ① AP＝x cm，AD＝6 cm だから，

$$y=\frac{1}{2}\times x\times 6=3x$$

Pが B に着くのは，出発してから

4÷1＝4（秒後）だから，

xの変域は，$0\leqq x\leqq 4$

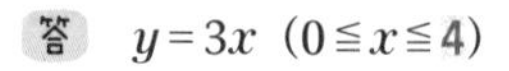

答　$y=3x$　$(0\leqq x\leqq 4)$

② AD＝6 cm，AB＝4 cm だから，

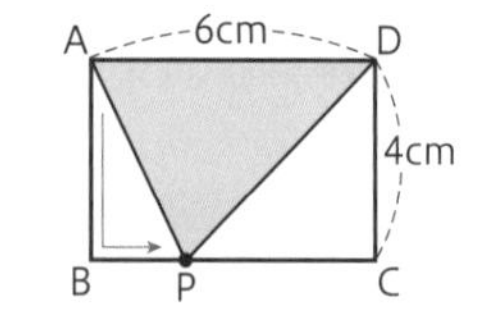

$$y=\frac{1}{2}\times 6\times 4=12$$

Pが C に着くのは，出発してから

(4＋6)÷1＝10（秒後）だから，

xの変域は，$4\leqq x\leqq 10$

答　$y=12$　$(0\leqq x\leqq 10)$

③ AD＝6 cm，DP＝4＋6＋4－x＝14－x（cm）だから，

$$y=\frac{1}{2}\times 6\times (14-x)=42-3x$$

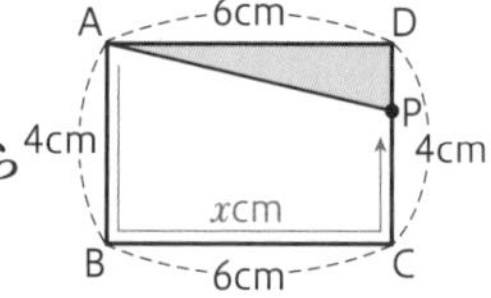

Pが点 D に着くのは，出発してから

(4＋6＋4)÷1＝14（秒後）だから，

xの変域は，$10\leqq x\leqq 14$

答　$y=42-3x$　$(10\leqq x\leqq 14)$

得点UP! 図形の辺上を動く点の問題では，辺ごとに面積の表し方が変わる。

例題① 図形の周上を動く点の問題

右の図のような直角三角形 ABC があり，点 P は点 A を出発して，毎秒 1 cm の速さで直角三角形の辺上を B，C の順に頂点 C まで動く。点 P が頂点 A を出発してから x 秒後の △APC の面積を y cm^2 とするとき，次の問いに答えなさい。

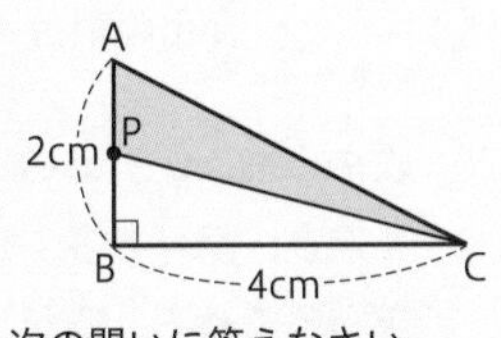

❶ 点 P が次の辺上を動くとき，y を x の式で表し，x の変域も書きなさい。

① 辺 AB 上　　② 辺 BC 上

❷ 点 P が点 A から点 C まで動くときの x と y の関係をグラフに表しなさい。

ポイント ❷ 変域の端（はし）の点の座標をとり，直線で結ぶ。

解き方と答え

❶ ① AP = x cm，BC = 4 cm だから，

$$y = \frac{1}{2} \times x \times 4 = 2x$$

P が B に着くのは，出発してから

2 ÷ 1 = 2 (秒後) だから，$0 \leqq x \leqq 2$

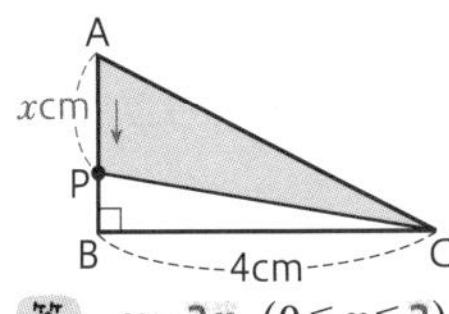

答　$y = 2x$　$(0 \leqq x \leqq 2)$

② PC = 2 + 4 − x = 6 − x (cm)，

AB = 2 cm だから，

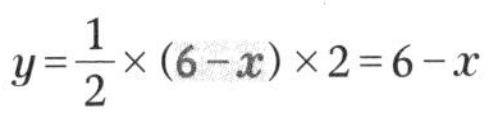

$$y = \frac{1}{2} \times (6 - x) \times 2 = 6 - x$$

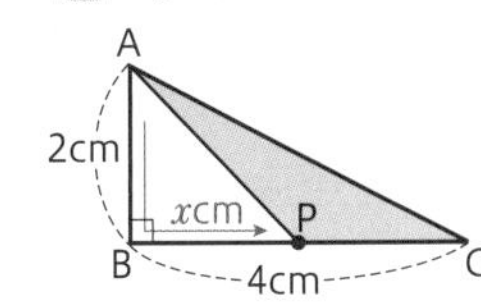

P が C に着くのは，出発してから

(2 + 4) ÷ 1 = 6 (秒後) だから，$2 \leqq x \leqq 6$　答　$y = 6 - x$　$(2 \leqq x \leqq 6)$

❷ ❶の式より，それぞれの変域でグラフをかく。答

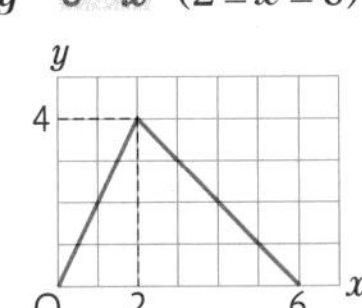
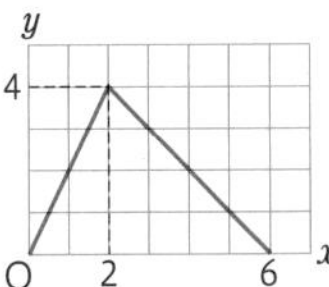

まとめテスト

月　日

□❶ 次の□にあてはまる言葉を答えなさい。

$$\text{変化の割合} = \frac{①}{②}$$

□❷ 次のうち，y が x の1次関数であるものを選び，記号で答えなさい。

ア 15でわると商が x で余りが3になる数 y

イ 1辺が x cmの立方体の体積 y cm^3

ウ 500 cmのリボンを6人で x cmずつ分けたときの残りの長さ y cm

□❸ 1次関数 $y=-3x+2$ で，x の変域が $-2<x\leqq 5$ であるとき，y の変域を求めなさい。

□❹ 次の①，②の1次関数のグラフをかきなさい。

① $y=3x-4$

② $x+6y=-2$

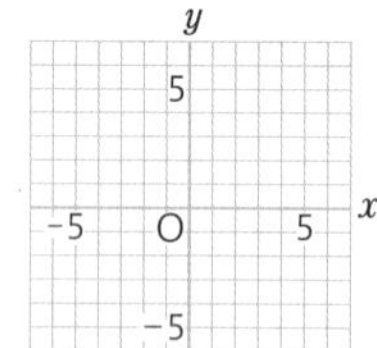

□❺ 右の①～④の直線の式を求めなさい。

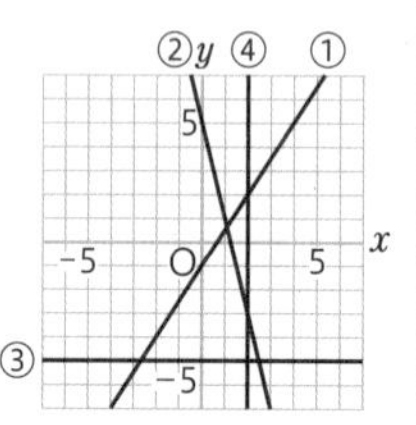

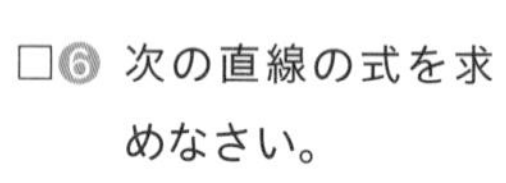

□❻ 次の直線の式を求めなさい。

① 点$(1,\ -3)$を通り，$y=-x+7$ と平行な直線

② 点$(2,\ 1)$を通り，y 軸（じく）と $y=-5$ で交わる直線

③ 2点$(-7,\ 9)$，$(2,\ -18)$を通る直線

---

❶ ① y の増加量

② x の増加量

❷ ア，ウ

解き方 y を x の式で表すと，

ア $y=15x+3$

イ $y=x^3$

ウ $y=500-6x$

❸ $-13\leqq y<8$

❹

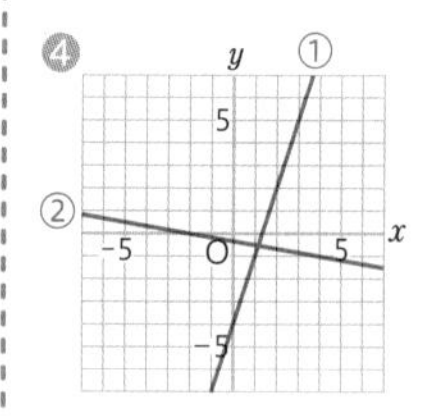

❺ ① $y=\frac{3}{2}x-1$

② $y=-4x+5$

③ $y=-5$

④ $x=2$

❻ ① $y=-x-2$

② $y=3x-5$

③ $y=-3x-12$

解き方 ① 平行な直線は傾きが同じである。

② y 軸と交わる点は切片である。

□❼ 2つの直線①，②が右の図のように点Pで交わっている。このとき，交点Pの座標を求めなさい。

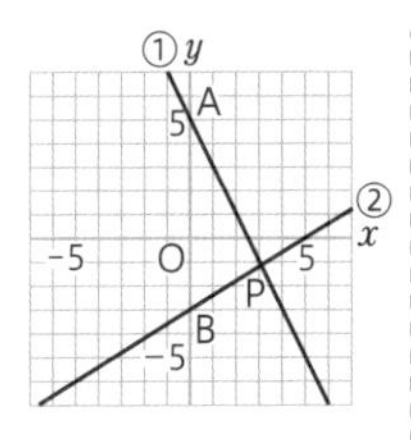

□❽ 次のグラフで，点Pを通り三角形APBの面積を2等分する直線の式を求めなさい。

①

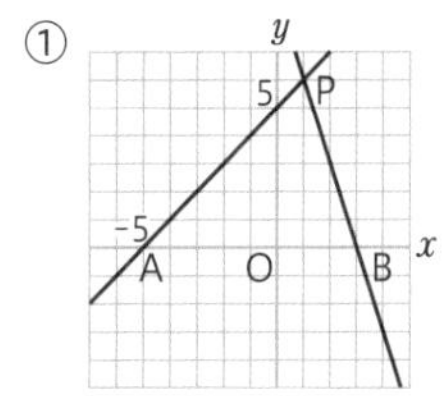

②

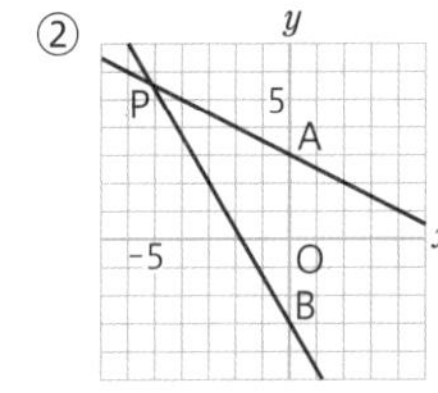

□❾ 右の図はAD∥BCの台形ABCDである。点Pは毎秒1 cmの速さで辺AD上をAからDまで動き，点Qは点Pと同時にBを出発して，毎秒2 cmの速さで辺BC上をCまで動く。このとき，Pが出発してからx秒後の四角形AQCPの面積をy cm^{2}とする。

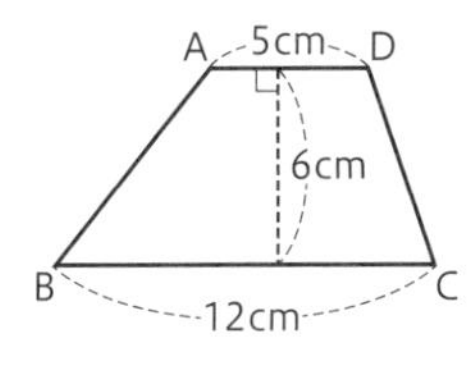

①xの変域が $0 \leqq x \leqq 5$ のとき，yをxの式で表しなさい。

②xの変域が $5 \leqq x \leqq 6$ のとき，yをxの式で表しなさい。

③面積が30 cm^{2}になるのは出発してから何秒後か答えなさい。

---

❼ $\left(\dfrac{40}{13}, -\dfrac{15}{13}\right)$

解き方 ①の式は，

$y=-2x+5$

②の式は，

$y=\dfrac{3}{5}x-3$

①と②の連立方程式を解く。

❽ ① $y=3x+3$

② $y=-\dfrac{13}{12}x$

解き方 ①P(1，6)と線分ABの中点(−1，0)を通る式を求めればよい。

② 直線APの式は，

$y=-\dfrac{1}{2}x+3$，直線BPの式は，$y=-\dfrac{5}{3}x-3$

交点Pの座標は

$P\left(-\dfrac{36}{7}, \dfrac{39}{7}\right)$

これと，線分ABの中点(0，0)を通る式を求めればよい。

❾ ① $y=-3x+36$

② $y=-6x+51$

③ 2秒後

解き方 ③xの変域に注意して①，②の式に$y=30$を代入して求める。

26. 平行線と角

① 対頂角と同位角・錯角★★

(たいちょうかく　どういかく　さっかく)

❶

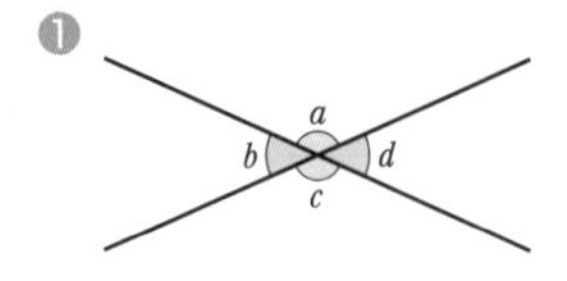

対頂角 $\angle a$ と $\angle c$

$\angle b$ と $\angle d$

$\angle a = \angle c \quad \angle b = \angle d$

❷

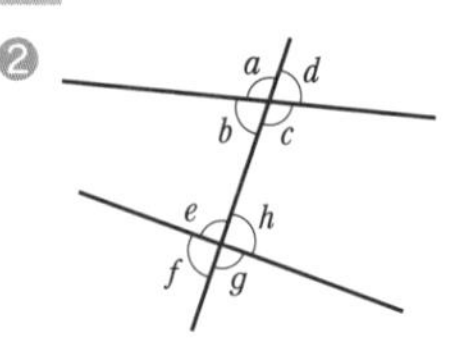

同位角 $\angle a$ と $\angle e$, $\angle b$ と $\angle f$

$\angle c$ と $\angle g$, $\angle d$ と $\angle h$

錯　角 $\angle b$ と $\angle h$, $\angle c$ と $\angle e$

- 上の❶の図の $\angle a$ と $\angle c$, $\angle b$ と $\angle d$ のように向かい合っている角を対頂角という。対頂角は等しい。
- 上の❷の図の $\angle a$ と $\angle e$ のような位置にある 2 つの角を**同位角**といい, $\angle b$ と $\angle h$ のような位置にある 2 つの角を錯角という。

② 平行線と同位角・錯角★★★

❶ $\ell /\!/ m$ ならば,

$\angle a = \angle c \quad \angle b = \angle c$

❷ $\angle a = \angle c$ または $\angle b = \angle c$ ならば,

$\ell /\!/ m$

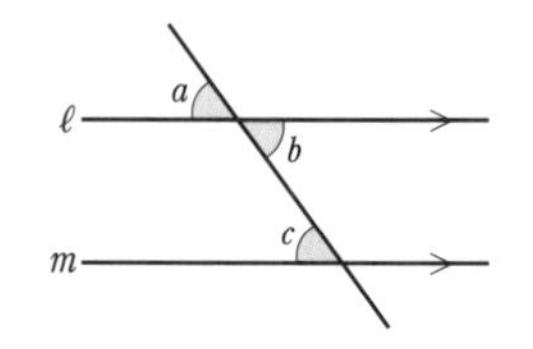

- 2 直線に 1 つの直線が交わるとき,

  ① 2 直線が平行ならば, 同位角・錯角は等しい。(**平行線の性質**)

  ② 同位角または錯角が等しければ, 2 直線は平行である。

  (**平行線になるための条件**)

得点UP! 平行線と角の問題では，まず同位角と錯角を利用することを考えるとよい。

例題① 平行線と角

次の図で，$\ell /\!/ m$ のとき，$\angle x$ や $\angle y$ の大きさを求めなさい。

❶
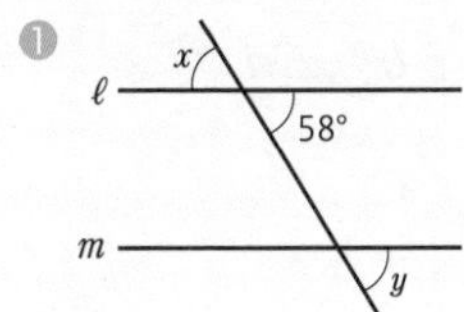

❷
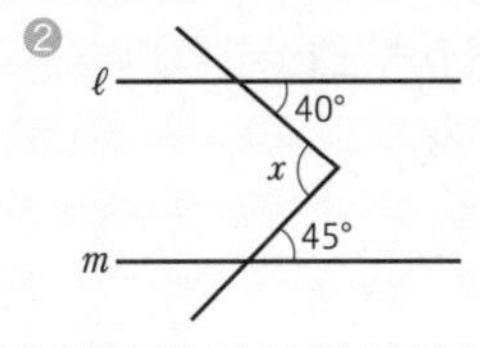

ポイント 平行線の同位角・錯角は等しい。

解き方と答え

❶ 対頂角は等しいから，$\angle x = $ **58°**

$\ell /\!/ m$ より，平行線の同位角は等しいから，$\angle y = $ **58°**

❷ 右の図のように，直線 ℓ，m に平行な直線をひく。

平行線の錯角は等しいから，

$\angle x = 40° + $ **45°** $= 85°$

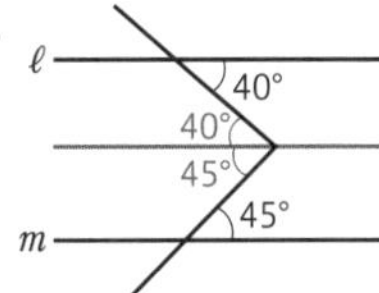

例題② 平行になるための条件

右の図の直線のうちで，平行であるものを，記号 // を使って表しなさい。

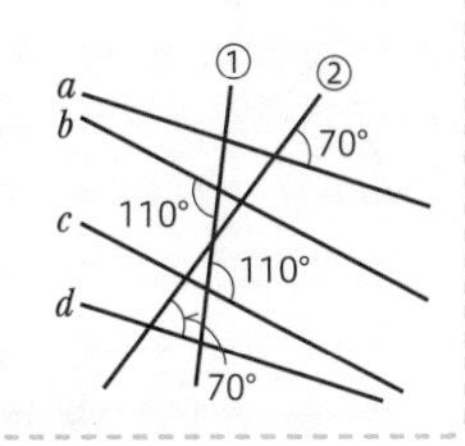

ポイント 同位角か錯角が等しければ，2 直線は平行

解き方と答え

直線 a と d は，直線②と交わってできる同位角が等しい。

直線 b と c は，直線①と交わってできる**錯角**が等しい。

よって，$a /\!/ $ **d**，$b /\!/ $ **c**

月　日

27. 三角形の角

① 三角形の内角と外角★★★

❶ 内角の和

$\angle a + \angle b + \angle c = 180°$

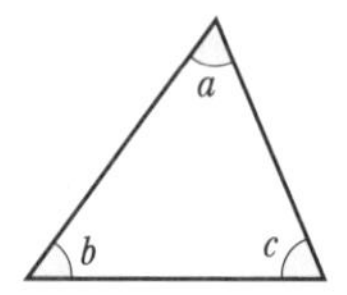

❷ 内角と外角の関係

$\angle a + \angle b = \angle d$

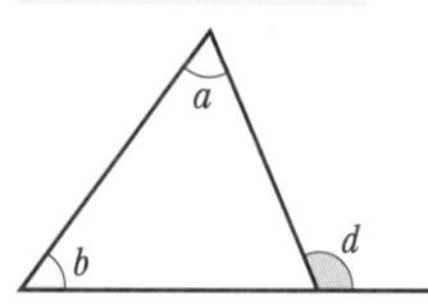

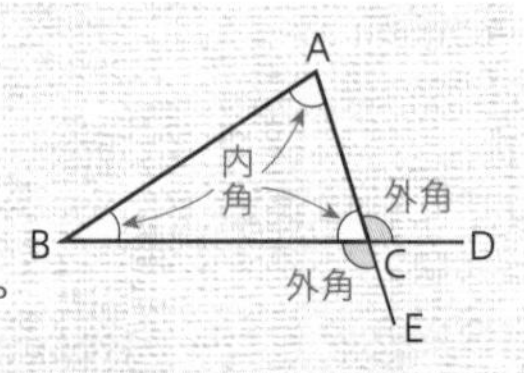

- 右の図で，△ABC の 3 つの角 ∠A，∠B，∠C を**内角**という。また，1 つの辺とそのとなりの辺の延長とがつくる ∠ACD や ∠BCE を，頂点 C における**外角**という。
- 三角形の 3 つの内角の和は 180° である。
- 三角形の 1 つの外角は，それととなり合わない 2 つの内角の和に等しい。

② 三角形の分類★

❶ 鋭角三角形

❷ 直角三角形

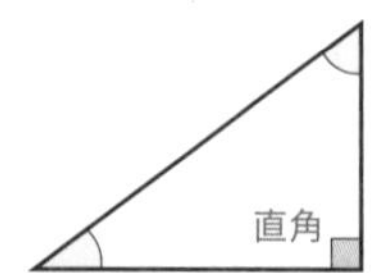

❸ 鈍角三角形

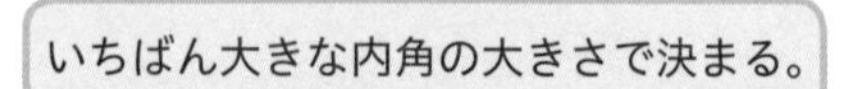

- 0° より大きく 90° より小さい角を**鋭角**，90° より大きく 180° より小さい角を**鈍角**という。
- 3 つの角が鋭角である三角形を**鋭角三角形**，1 つの角が直角である三角形を直角三角形，1 つの角が鈍角である三角形を**鈍角三角形**という。

得点UP! 図形の問題では，図形の性質を利用するために補助線(ほじょせん)をひくことを考える。

例題① 三角形の角

次の図の $\angle x$ の大きさを求めなさい。

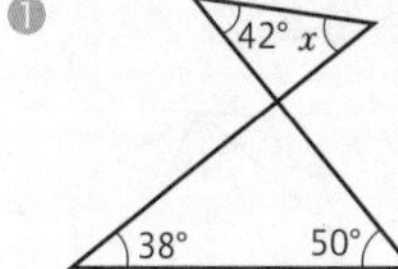

❷
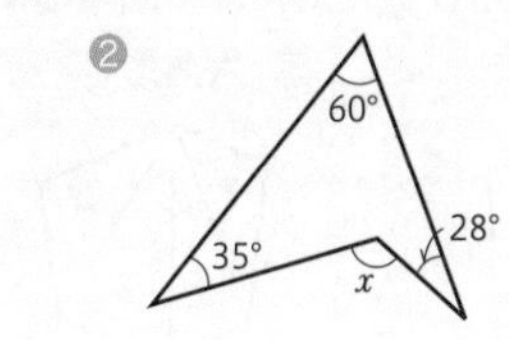

ポイント 2つの三角形に分けて考える。

解き方と答え

❶ 右の図より，△BCE の内角と外角の関係から，

$\angle AEB = 38° + 50° = 88°$

△AED の内角と外角の関係から，

$42° + \angle x = 88°$　$\angle x = 88° - 42° = 46°$

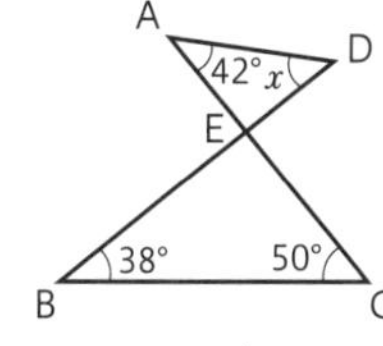

❷ 右の図より，△ABE の内角と外角の関係から，

$\angle BED = 60° + 35° = 95°$

△CDE の内角と外角の関係から，

$\angle x = 95° + 28° = 123°$

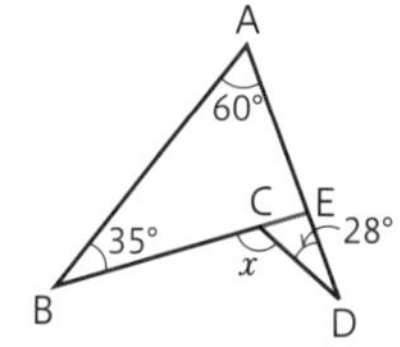

例題② 三角形の分類

2つの内角が次のような三角形は，どんな三角形ですか。

❶ 20°，70°　❷ 35°，70°　❸ 20°，45°

ポイント 残りの内角が，鋭角か直角か鈍角かを調べる。

解き方と答え

❶ 残りの内角は $180° - (20° + 70°) = 90°$ だから，直角三角形

❷ 残りの内角は $180° - (35° + 70°) = 75°$ だから，鋭角三角形

❸ 残りの内角は $180° - (20° + 45°) = 115°$ だから，鈍角三角形

月　日

28. 多角形の角

① 多角形の内角の和★★★

1つの頂点からひいた対角線で三角形に分けて求められる。

❶ 五角形

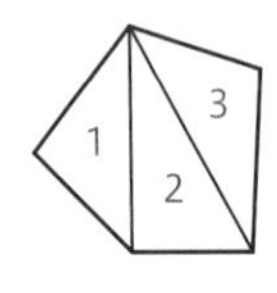

$180° \times 3$

❷ 六角形

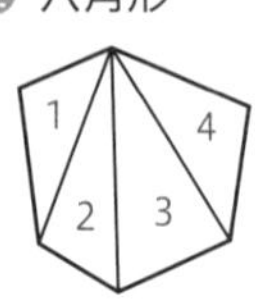

$180° \times 4$

❸ n 角形

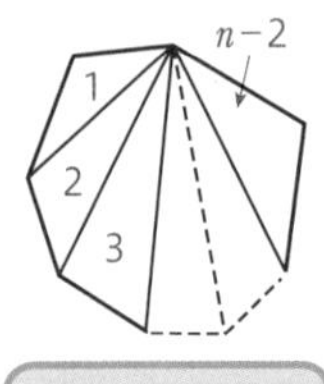

$180° \times (n-2)$

- n 角形は，1つの頂点からひいた対角線によって，$(n-2)$ 個の三角形に分けられるから，n 角形の内角の和は $180° \times (n-2)$ で求められる。
  例　九角形の内角の和は，$180° \times (9-2) = 1260°$
- 正 n 角形の1つの内角の大きさは，$180° \times (n-2) \div n$ で求められる。

② 多角形の外角の和★★

❶ 三角形

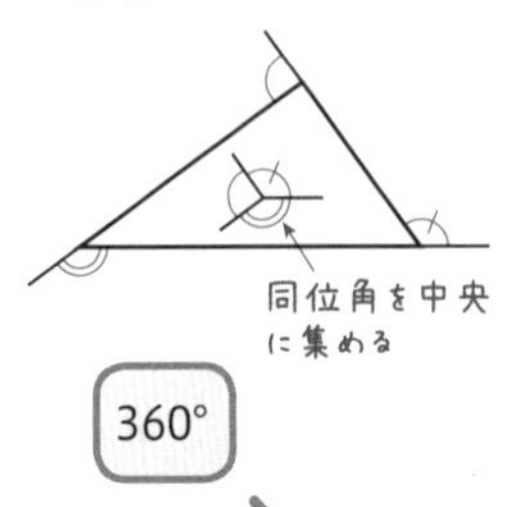

$360°$

❷ 五角形

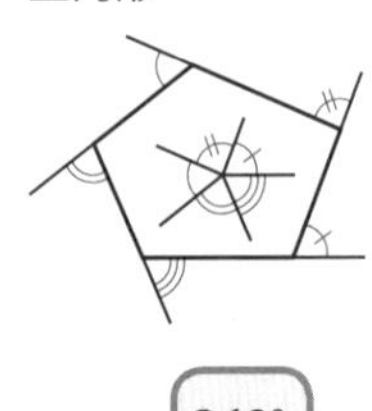

$360°$

外角の和はいつも 360° で一定である。

- 正 n 角形の1つの外角の大きさは，$360° \div n$ で求められる。

得点UP! n角形の内角の和は $180°\times(n-2)$ で求められるが，四角形の内角の和…360°，五角形の内角の和…540° は覚えておくとよい。

例題① 多角形の角 ①

次の図の $\angle x$ の大きさを求めなさい。

❶
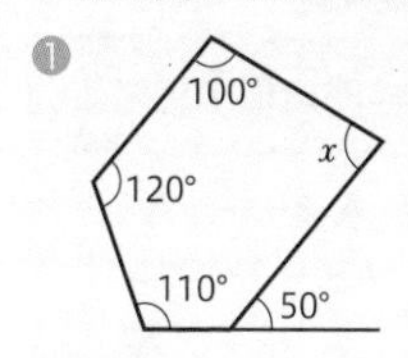

❷
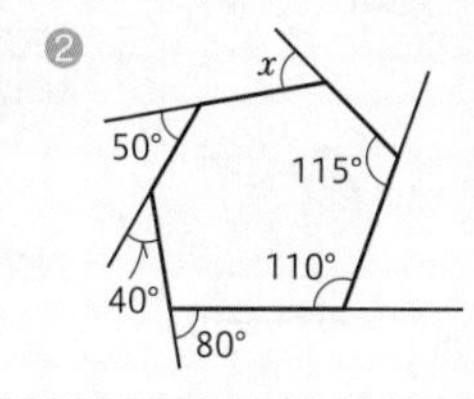

ポイント n角形は，内角の和 $180°\times(n-2)$，外角の和 360°

解き方と答え

❶ 50° の角ととなり合う内角の大きさは，$180°-50°=130°$

五角形の内角の和は，$180°\times(5-2)=540°$

よって，$\angle x=540°-(100°+120°+110°+130°)=80°$

❷ 110° の角ととなり合う外角の大きさは，$180°-110°=70°$

115° の角ととなり合う外角の大きさは，$180°-115°=65°$

外角の和は 360° だから，

$\angle x=360°-(50°+40°+80°+70°+65°)=55°$

例題② 多角形の角 ②

❶ 内角の和が 1440° である多角形は何角形ですか。

❷ 正十角形の 1つの内角の大きさを求めなさい。

❸ 正十二角形の 1 つの外角の大きさを求めなさい。

ポイント ❷ 正多角形のすべての内角の大きさは等しい。

解き方と答え

❶ n 角形の内角の和は $180°\times(n-2)$ だから，$180°\times(n-2)=1440°$

$n-2=8\quad n=10$　　**答** 十角形

❷ $1440°\div10=144°$

❸ $360°\div12=30°$

月　日

29. 合同な図形

① 合同な図形★

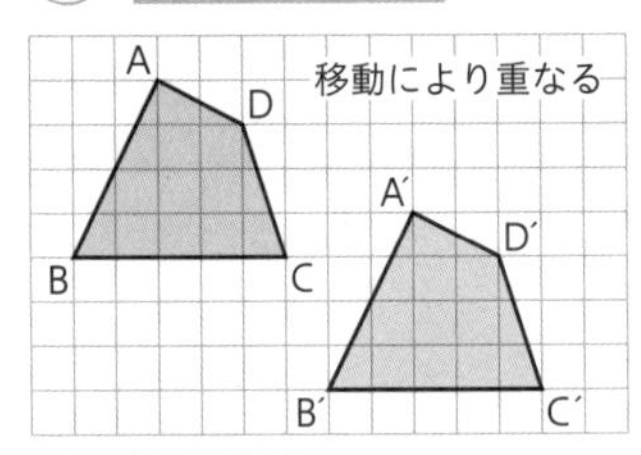

合同を表す記号

四角形 ABCD≡四角形 A′B′C′D′

対応する
- 頂点　A ⟷ A′
- 辺　AB ⟷ A′B′
- 角　∠A ⟷ ∠A′

テストで注意

合同を表す記号≡を使うときは，対応する頂点を周にそって同じ順に書く。四角形 ABCD≡四角形 C′D′A′B′ などと書いてはいけない。

- 平面上の2つの図形について，一方を移動することによって他方に重ね合わせることができるとき，この2つの図形は合同であるという。
- 2つの合同な図形で，重なり合う頂点，辺，角をそれぞれ**対応する頂点**，対応する辺，**対応する角**という。

辺の長さや角の大きさから
対応している所を見つけよう！

② 合同な図形の性質★★

△ABC≡△DEF のとき，

❶ AB＝DE，BC＝EF，CA＝FD

❷ ∠A＝∠D，∠B＝∠E，∠C＝∠F

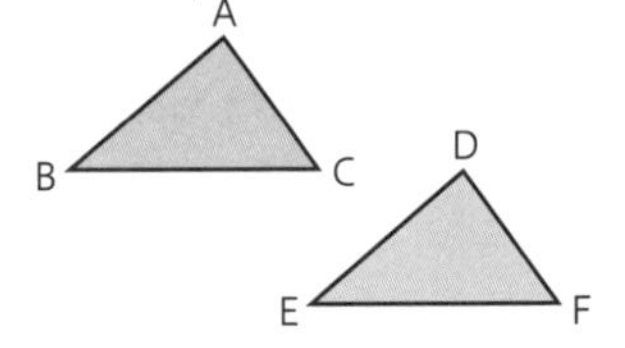

- 合同な図形には，次の性質がある。
  ① 合同な図形では，対応する線分の長さはそれぞれ等しい。
  ② 合同な図形では，対応する角の大きさはそれぞれ等しい。

得点UP! 2つの図形があり，一方を裏返して他方に重なるときも合同である。

例題① 合同な図形

右の図の2つの四角形は合同である。対応する辺，対応する角をそれぞれいいなさい。

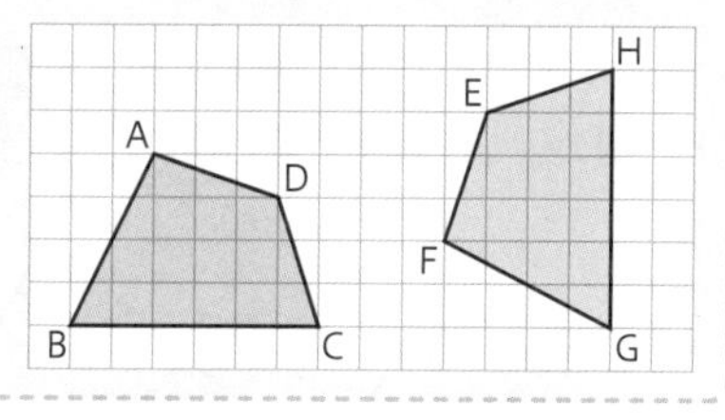

ポイント 重なる辺が対応する辺，重なる角が対応する角

解き方と答え

対応する辺：辺ABと辺FG，辺BCと辺GH，
←対応している順に書く
辺CDと辺HE，辺DAと辺EF

対応する角：∠Aと∠F，∠Bと∠G，∠Cと∠H，
∠Dと∠E

例題② 合同な図形の性質

右の図において，四角形ABCD≡四角形EFGH である。
このとき，次の問いに答えなさい。

❶ 辺CD，FGの長さを求めなさい。

❷ ∠E，∠Gの大きさを求めなさい。

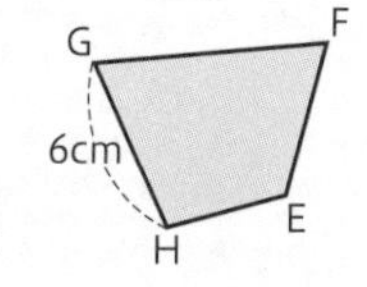

ポイント 対応する辺，対応する角を見つける。

解き方と答え

❶ 合同な図形では，対応する辺の長さは等しいから，
CD＝GH＝6 cm　FG＝BC＝8 cm

❷ 合同な図形では，対応する角の大きさは等しいから，
∠E＝∠A＝120°　∠G＝∠C＝70°

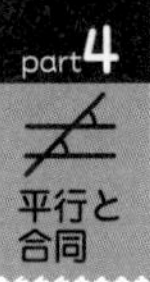

月　日

30. 三角形の合同条件

① 三角形の合同条件★★★

2つの三角形は次の❶～❸のどれかが成り立つとき合同である。

❶ **3組の辺がそれぞれ等しい。**

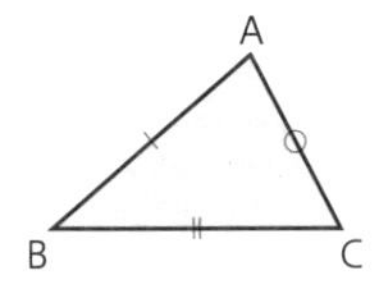

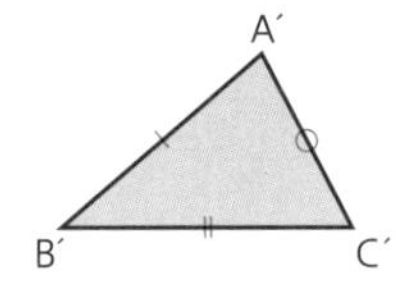

AB＝A′B′
BC＝B′C′
CA＝C′A′

❷ **2組の辺とその間の角がそれぞれ等しい。**

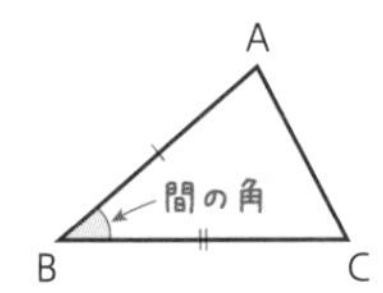

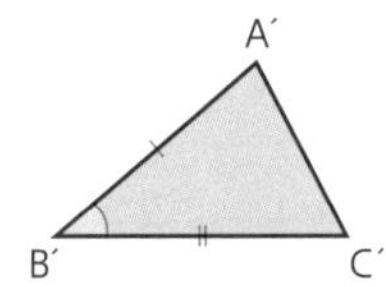

AB＝A′B′
BC＝B′C′
∠B＝∠B′

❸ **1組の辺とその両端（りょうたん）の角がそれぞれ等しい。**

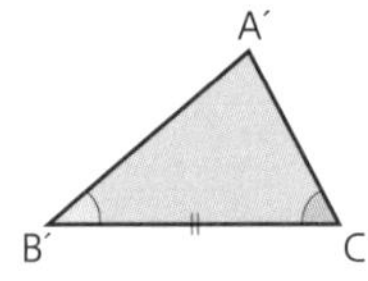

BC＝B′C′
∠B＝∠B′
∠C＝∠C′

- 三角形は，次の①～③のどれかが決まれば，その三角形は1通りに決まる。
  ① 3辺
  ② 2辺とその間の角
  ③ 1辺とその両端の角
  つまり，三角形が与えられたとき，①～③のどれかを使えば，その三角形と合同な三角形をかくことができる。
- 2つの三角形の合同を調べるときは，重ね合わせたりしなくても，上の❶～❸の合同条件のどれかがあてはまれば合同であると判断できる。

得点UP! 三角形の2つの角がわかっているときは，残りの角も調べるとよい。

例題① 三角形の合同条件 ①

合同な三角形はどれとどれですか。記号≡を使って表しなさい。また，そのときに使った合同条件をいいなさい。

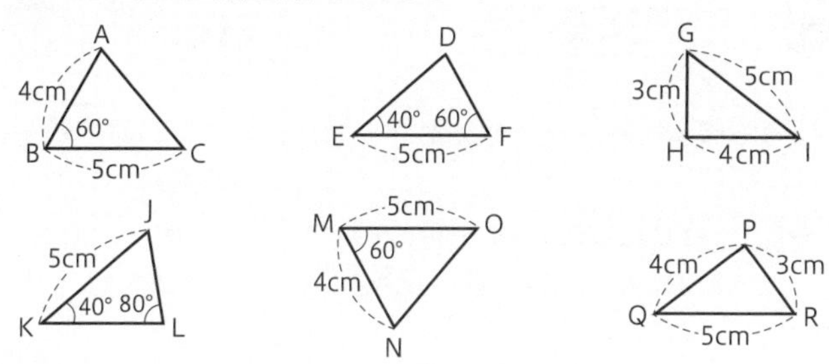

ポイント 3つの合同条件のどれにあてはまるかを見る。

解き方と答え

△ABC≡△NMO　(2組の辺とその間の角がそれぞれ等しい)

△DEF≡△LKJ　(1組の辺とその両端の角がそれぞれ等しい)

△GHI≡△RPQ　(3組の辺がそれぞれ等しい)

例題② 三角形の合同条件 ②

右の図形において，合同な三角形を記号≡を使って表しなさい。また，そのときに使った三角形の合同条件をいいなさい。ただし，同じ印をつけた辺や角は，それぞれ等しいとする。

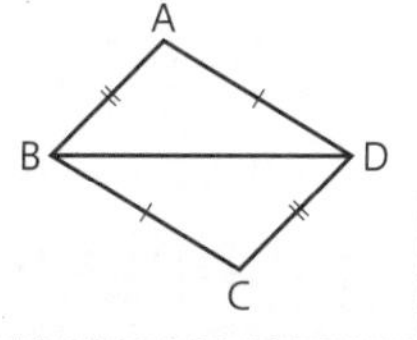

ポイント △ABDと△CDBにおいて，BDは共通な辺である。

解き方と答え

△ABDと△CDBにおいて，AB=CD，AD=CB，BD=DB

答　△ABD≡△CDB (3組の辺がそれぞれ等しい。)

月　日

31. 証明 ①

① 仮定と結論★★

（　　）ならば［　　］
仮定　　結論

文章中で，それぞれにあたるものを見つけよう

● 「p ならば q である」という文で，p の部分を仮定，q の部分を結論という。

例 「△ABC≡△A'B'C' ならば ∠A＝∠A'」の文において，仮定は△ABC≡△A'B'C'，結論は ∠A＝∠A'

② 三角形の合同の証明★★★

問 右の図は，線分 AB と CD の交点を O として，AO＝BO，CO＝DO となるようにかいたものである。
このとき，△AOC≡△BOD であることを証明しなさい。

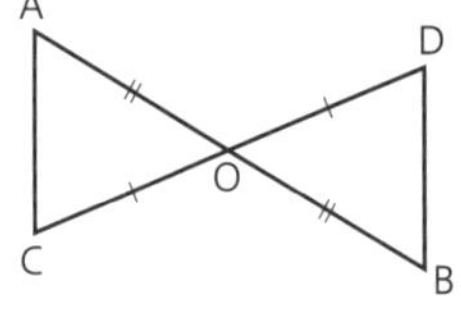

解 △AOC と △BOD において，←証明する三角形を示す

仮定より，AO＝BO ……①
（根拠）
CO＝DO ……②
対頂角は等しいから，
∠AOC＝∠BOD……③

三角形の合同条件に必要なものとその根拠を示す

①，②，③より，2 組の辺とその間の角がそれぞれ等しいから，

合同条件を示す

△AOC≡△BOD ←結論を示す

● すでに正しいと認められていることがらを根拠にして，仮定から結論を導くことを証明という。

得点UP! 証明を進めるときは，まず，仮定と結論が何かをはっきりさせることが大切である。

例題① 仮定と結論

次のことがらの仮定と結論をいいなさい。

❶ $a=b$ ならば，$3a=3b$ である。

❷ 2直線が平行ならば，錯角(さっかく)は等しい。

❸ 三角形の3つの内角の和は180°である。

ポイント 「p ならば q」で，p が仮定，q が結論

解き方と答え

❶ 仮定…$a=b$　結論…$3a=3b$

❷ 仮定…2直線が平行　結論…錯角は等しい

❸「～ならば～」の形にいいかえると，

「三角形ならば，3つの内角の和は180°である。」

よって，仮定…三角形　結論…3つの内角の和は180°である。

例題② 三角形の合同の証明

右の図は，線分ABとCDの交点をMとして，AM＝BM，AC//DBとなるようにかいたものである。このとき，△ACM≡△BDMであることを証明しなさい。

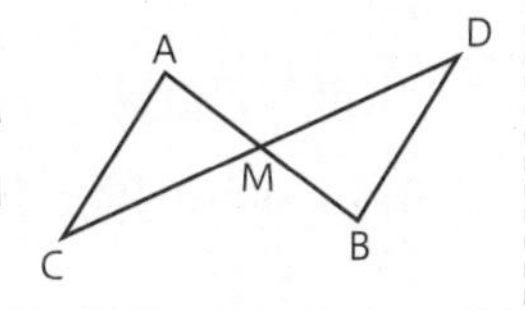

ポイント 平行線の性質を利用する。

解き方と答え

△ACMと△BDMにおいて，

仮定より，AM＝BM ……①

対頂角は等しいから，∠AMC＝∠BMD ……②

AC//DB より，平行線の錯角は等しいから，∠CAM＝∠DBM ……③

①，②，③より，1組の辺とその両端(りょうたん)の角がそれぞれ等しいから，

△ACM≡△BDM

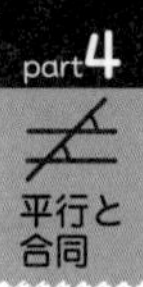

月　日

32. 証明 ②

① 三角形の合同の利用★★★

問 右の図で，

AB＝AD，∠ABC＝∠ADE

であるとき，

AC＝AE

であることを証明しなさい。

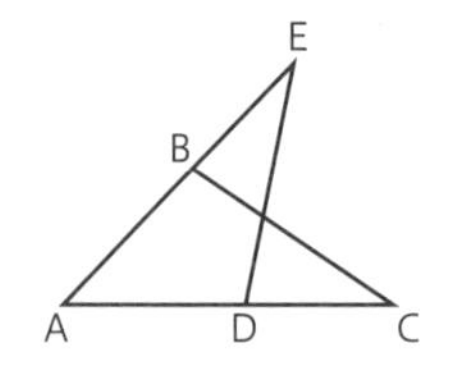

解 △ABC と △ADE において，

仮定より，

AB＝AD ……①

∠ABC＝∠ADE ……②

共通な角だから，

∠BAC＝∠DAE ……③

①，②，③より，1 組の辺とその両端（りょうたん）の角がそれぞれ等しいから，

△ABC≡△ADE

合同な図形の対応する辺の長さは等しいから，

AC＝AE

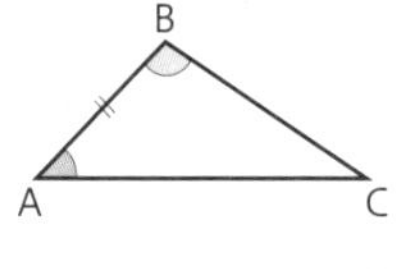

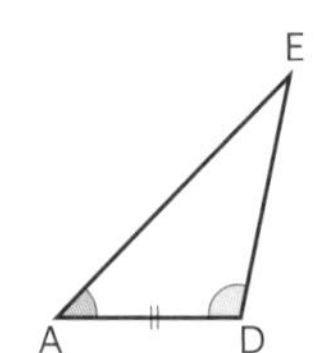

三角形の合同を利用して，AC=AE を示す。

Check!

∠ACB=∠AED，BC=DE も同じようにして証明することができる。

● 線分の長さや角の大きさが等しいことを証明するとき，三角形の合同を根拠（こんきょ）として使う場合がある。

得点UP!　証明の手がかりがつかめないときは，結論からさかのぼって，何を示していく必要があるのかを考えよう。

例題① 作図の証明

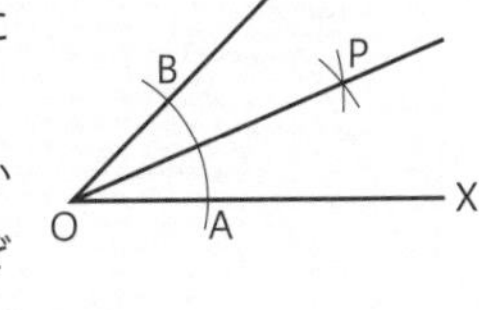

右の図は，∠XOY の二等分線の作図を示したものである。作図は次の❶～❸のようにする。

❶ 頂点 O を中心として適当な半径の円をかき，角の 2 辺 OX，OY との交点をそれぞれ A，B とする。

❷ 点 A，B をそれぞれ中心として，等しい半径の円をかき，その交点を P とする。

❸ 半直線 OP をひく。この作図が正しいことを証明しなさい。

ポイント △AOP と △BOP の合同を示す。

解き方と答え

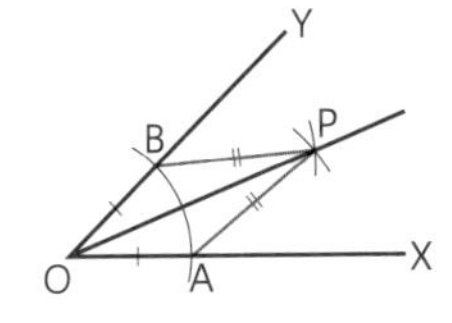

点 A と P，点 B と P をそれぞれ結ぶ。

△AOP と △BOP において，

仮定より，OA＝OB ……①

AP＝**BP** ……②

共通な辺だから，OP＝OP ……③

①，②，③より **3 組の辺**がそれぞれ等しいから，

△AOP≡△BOP

合同な図形の対応する角の大きさは等しいから，

∠AOP＝**∠BOP**

よって，半直線 **OP** は ∠XOY の二等分線である。

テストで注意

図で，長さや角が等しく見えたり，平行や垂直に見えても，条件として与えられていなければ，それを使ってはいけない。

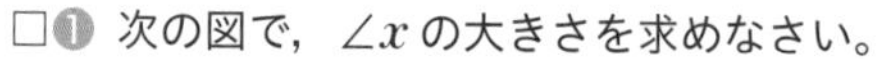

まとめテスト

月　日

□❶ 次の図で，$\angle x$ の大きさを求めなさい。

①

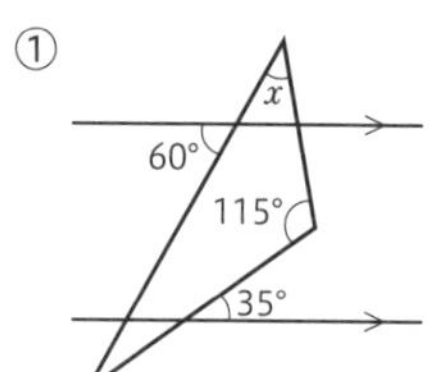

②

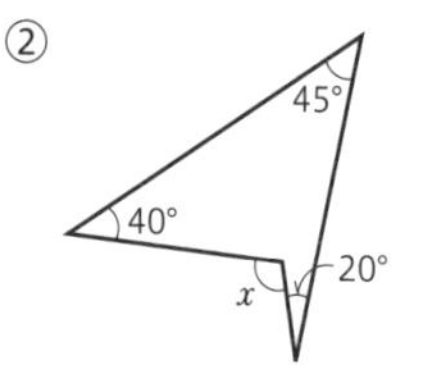

③

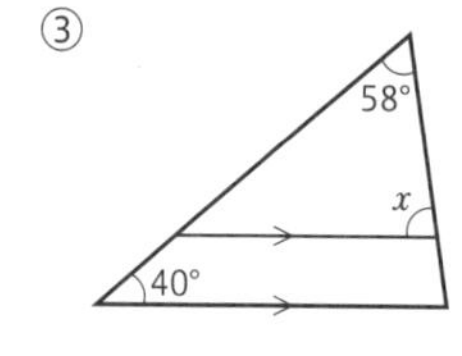

④

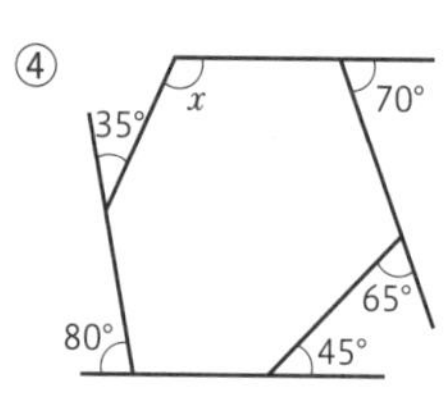

□❷ 2 つの内角が 35°，45° の三角形は，どんな三角形か答えなさい。

□❸ 1 つの内角の大きさが 162° になるのは正何角形ですか。

□❹ 十二角形の内角の和は何度ですか。

□❺ 三角形の合同条件をすべて答えなさい。

① [　　　　　　] がそれぞれ等しい。

② [　　　　　　] がそれぞれ等しい。

③ [　　　　　　] がそれぞれ等しい。

□❻ 次のことがらの仮定と結論をいいなさい。

① 長方形は対角線の長さが等しい。

② $a<0$，$b<0$ ならば $ab>0$ である。

③ a，bがともに偶数（ぐうすう）のとき，$3(a+b)$ は 6 の倍数である。

解答

❶ ① 40°

② 105°

③ 82°

④ 115°

❷ 鈍角（どんかく）三角形

❸ 正二十角形

解き方 1 つの外角は，180° − 162° = 18°
外角の和は 360° なので，360° ÷ 18 = 20

❹ 1800°

解き方 180° ×(12 − 2) = 1800°

❺ ① 3 組の辺

② 2 組の辺とその間の角

③ 1 組の辺とその両端（りょうたん）の角

（順不同）

❻ ① 仮定 長方形
結論 対角線の長さが等しい

② 仮定 $a<0$, $b<0$
結論 $ab>0$

③ 仮定 a, b がともに偶数
結論 $3(a+b)$ は 6 の倍数

□❼ 右の図で，AP＝AQ，BP＝BQ であるとき，△APB≡△AQB であることを証明した。□にあてはまる記号や言葉を答えなさい。

（証明）△APB と［①］において，

仮定より，AP＝AQ，

BP＝BQ，

［②］だから，AB＝AB

よって，［③］から，

△APB≡△AQB

❼ ① △AQB

② 共通な辺

③ 3 組の辺がそれぞれ等しい

□❽ 右の図は，AD//BC の台形 ABCD である。対角線 DB の中点をOとし，点Oを通る直線と直線 AD，BC との交点をP，Qとするとき，PD＝QB であることを証明した。□にあてはまる記号や言葉を答えなさい。

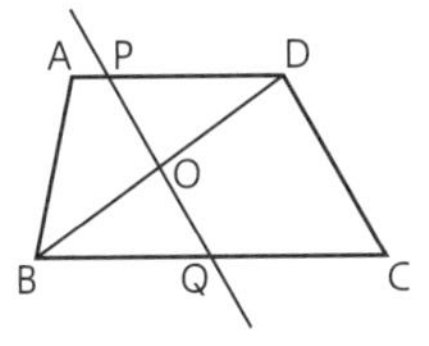

（証明）［①］と△OQB において，

［②］より，DO＝BO

AD//［③］より，平行線の錯角（さっかく）は等しいから，

∠PDO＝∠［④］

対頂角は等しいから，

∠POD＝∠QOB

よって，1 組の辺とその両端の角がそれぞれ等しいから，［⑤］≡△OQB

［⑥］は等しいから，PD＝QB

❽ ① △OPD

② 仮定

③ BC

④ QBO

⑤ △OPD

⑥ 合同な図形の対応する辺の長さ

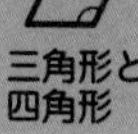

月　日

33. いろいろな三角形 ①

① 二等辺三角形の定義(ていぎ)★★

定義 2辺が等しい三角形を**二等辺三角形**という。

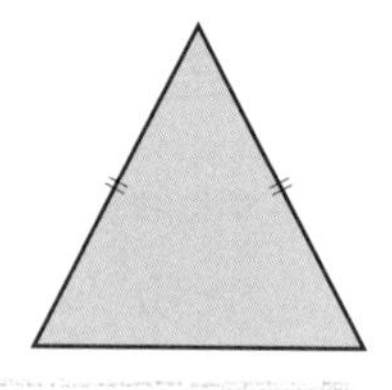

● 使うことばの意味をはっきり述べたものを定義という。

② 二等辺三角形の構成★★

❶ **頂角**(ちょうかく)…長さの等しい2辺の間の角
❷ **底辺**(ていへん)…頂角に対する辺
❸ **底角**(ていかく)…底辺の両端(りょうたん)の角

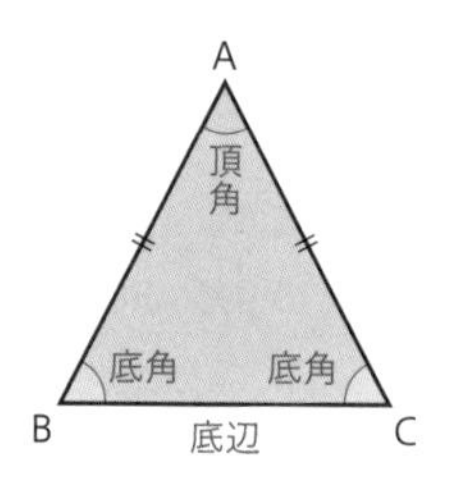

③ 二等辺三角形の性質★★

❶ **2つの底角は等しい。**

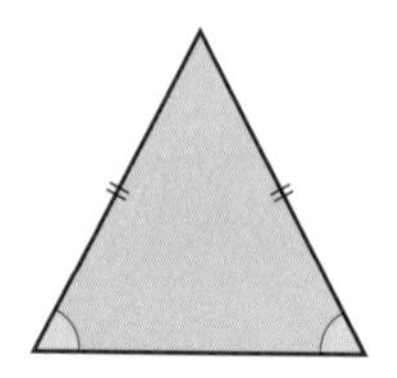

❷ **頂角の二等分線は底辺を垂直に2等分する。**

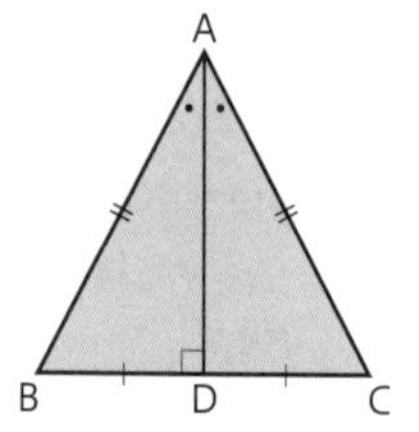

● 二等辺三角形の性質や「対頂角は等しい」,「三角形の内角の和は180°である」などの性質は，図形の性質を証明するときの根拠(こんきょ)としてよく使われる。このような証明されたことがらのうちで，よく使われるものを，定理(ていり)という。

得点UP! 二等辺三角形の底角は等しいから，頂角の大きさがわかれば，内角の和から底角の大きさを求められる。

例題① 二等辺三角形の性質

次の図で，同じ印のついている辺の長さが等しいとき，$\angle x$ の大きさを求めなさい。

❶ ❷ ❸

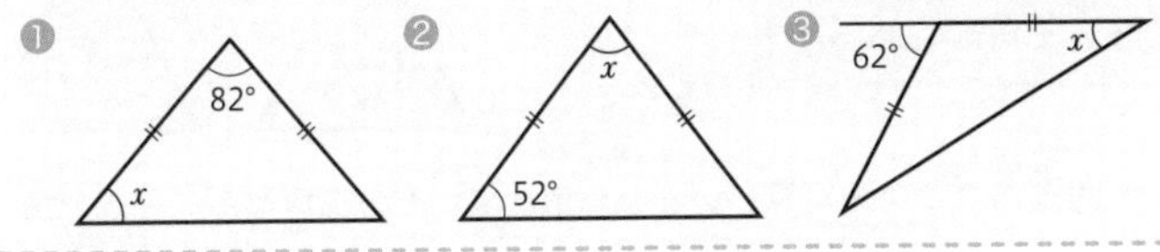

ポイント 二等辺三角形の２つの底角は等しい。

解き方と答え

❶ $\angle x = (180° - 82°) \div 2 = 49°$　　❷ $\angle x = 180° - 52° \times 2 = 76°$

❸ 三角形の内角と外角の関係より，$\angle x \times 2 = 62°$　$\angle x = 62° \div 2 = 31°$

例題② 二等辺三角形と証明

二等辺三角形 ABC で，等しい辺 AB，AC のそれぞれの中点を M，N とすると，BN = CM となることを証明しなさい。

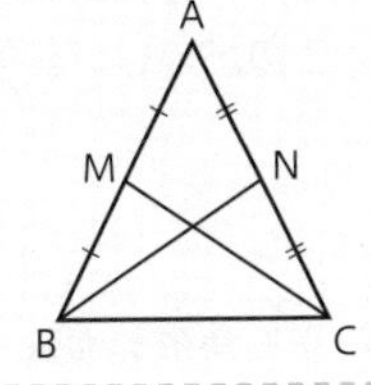

ポイント BN，CM をふくむ三角形の合同を証明する。

解き方と答え

△MBC と △NCB において，

AB = AC で，点 M，N はそれぞれ AB，AC の中点だから，

MB = NC ……①

二等辺三角形の底角は等しいから，∠MBC = ∠NCB ……②

共通な辺だから，BC = CB ……③

①，②，③より，２組の辺とその間の角がそれぞれ等しいから，

△MBC ≡ △NCB

合同な図形の対応する辺の長さは等しいから，BN = CM

月　日

34. いろいろな三角形 ②

① 二等辺三角形になるための条件★★

2 つの角が等しい三角形は,
二等辺三角形である。

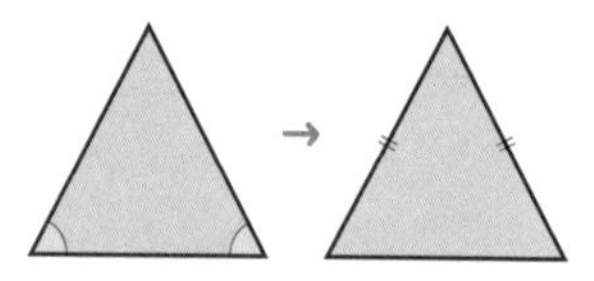

● 三角形の 2 つの角が等しいことを示せば，その三角形が二等辺三角形であることが示せる。

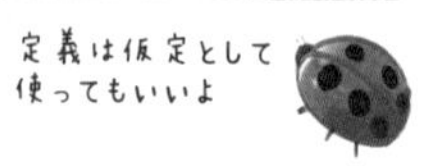

② 正三角形★★

❶ 正三角形の定義

3 辺が等しい三角形を**正三角形**という。

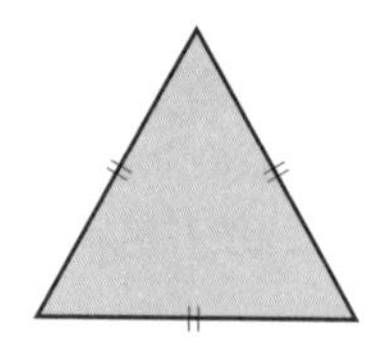

❷ 正三角形の性質

3 つの角は等しい。

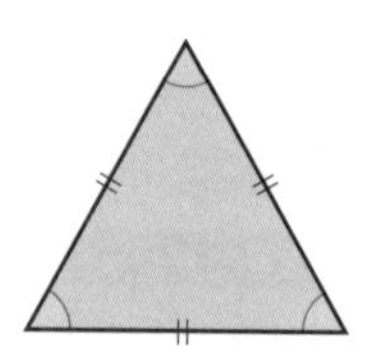

❸ 正三角形になるための条件

三角形の 3 つの角が等しければ,
その三角形は正三角形である。

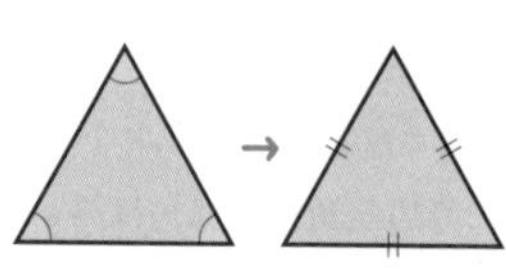

● 正三角形は二等辺三角形の特別な場合であり,
二等辺三角形の性質をすべてもっている。

得点UP! 正三角形の3つの角は等しく，三角形の内角の和は180°だから，正三角形の1つの角の大きさは180°÷3=60°である。

例題① 二等辺三角形になるための条件

右の図のように，ACとDBの交点をPとする。このとき，AB＝DC，AC＝DB ならば，△PBCは二等辺三角形であることを証明しなさい。

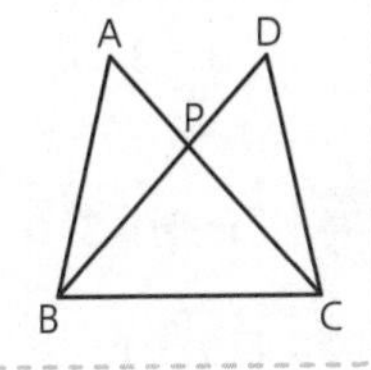

ポイント △PBCの2つの角が等しいことを証明する。

解き方と答え

△ABCと△DCBにおいて，

仮定より，AB＝DC ……①，AC＝**DB** ……②

共通な辺だから，BC＝**CB** ……③

①，②，③より，3組の辺がそれぞれ等しいから，△ABC≡**△DCB**

合同な図形の対応する角の大きさは等しいから，**∠ACB**＝∠DBC

よって，**2つの角**が等しいから，△PBCは二等辺三角形である。

例題② 正三角形になるための条件

右の図は，長方形ABCDをPQを折り目として ∠QPR＝60° となるように折り返したものである。△PQRが正三角形であることを証明しなさい。

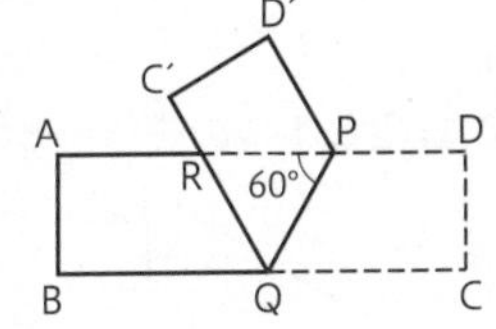

ポイント 四角形PQCDと四角形PQC′D′は合同である。

解き方と答え

AD//BC より，平行線の錯角(さっかく)は等しいから，∠PQC＝∠QPR ……①

四角形PQCD≡四角形PQC′D′ だから，∠PQC＝**∠PQR** ……②

①，②より，∠PQR＝∠QPR＝**60°** ……③

よって，∠PRQ＝180°－**60°**×2＝**60°** ……④

③，④より，**3つの角**が等しいから，△PQRは正三角形である。

月　日

35. 直角三角形の合同条件 ①

① 逆と反例★★

「$x=3$，$y=5$ ならば，$x+y=8$」←正しい

逆 「$x+y=8$ ならば，$x=3$，$y=5$」←正しくない

逆の反例 $x=2$，$y=6$

- あることがらの仮定と結論を入れかえたものを，もとのことがらの逆という。あることがらが正しい場合でも，その逆は正しいとは限らない。
- あることがらが成り立たない例を反例という。あることがらが正しくないことを示すには，反例を1つあげればよい。

② 直角三角形の合同条件★★★

2 つの直角三角形は，次の❶，❷のどちらかが成り立つとき合同である。

❶ **斜辺と 1 つの鋭角がそれぞれ等しい。**

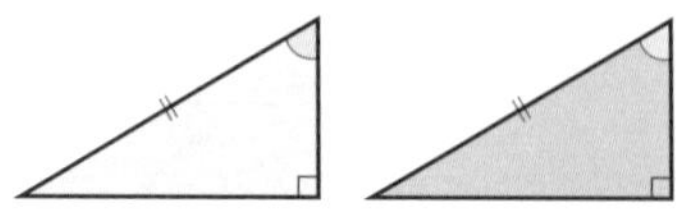

❷ **斜辺と他の 1 辺がそれぞれ等しい。**

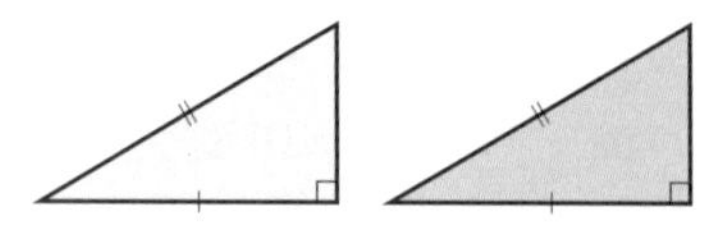

- 直角三角形の直角に対する辺を斜辺という。

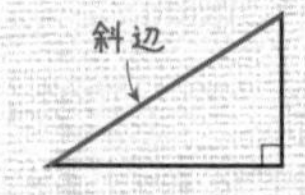

得点UP！ あることがらにおいて，反例が1つでもあれば，そのことがらは正しくない。

例題① 逆と反例

次のことがらの逆を答えなさい。また，それは正しいですか。正しくないときは反例をあげなさい。

❶ $a<b$ ならば，$a+c<b+c$ である。

❷ $a>0$，$b>0$ ならば，$ab>0$ である。

❸ △ABC≡△DEF ならば，AB＝DE，BC＝EF，∠A＝∠D

ポイント 正しいことがらの逆は正しいとは限らない。

解き方と答え

❶ $a+c<b+c$ ならば，$a<b$ である。…正しい

❷ $ab>0$ ならば，$a>0$，$b>0$ である。…正しくない

〔反例〕$a=-2$，$b=-1$

❸ AB＝DE，BC＝EF，∠A＝∠D ならば，

△ABC≡△DEF…正しくない

〔反例〕右の図のような場合がある。

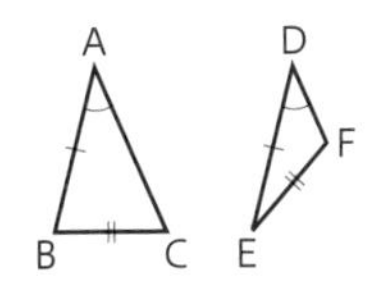

例題② 直角三角形の合同条件

合同な三角形はどれとどれですか。記号≡を使って表しなさい。また，そのときに使った合同条件をいいなさい。

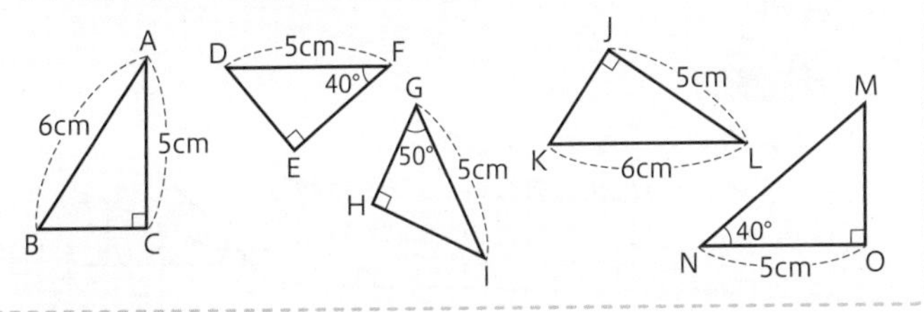

ポイント 直角三角形の合同条件のどれにあてはまるかを見る。

解き方と答え

△ABC≡△LKJ（直角三角形の斜辺と他の１辺がそれぞれ等しい。）

△DEF≡△GHI（直角三角形の斜辺と１つの鋭角がそれぞれ等しい。）

月　日

36. 直角三角形の合同条件 ②

① 直角三角形と証明★★★

問 右の図のように，∠XOYの二等分線上に点Pをとる。点Pから辺OX，OYに垂線をひき，交点をそれぞれA，Bとするとき，PA＝PBであることを証明しなさい。

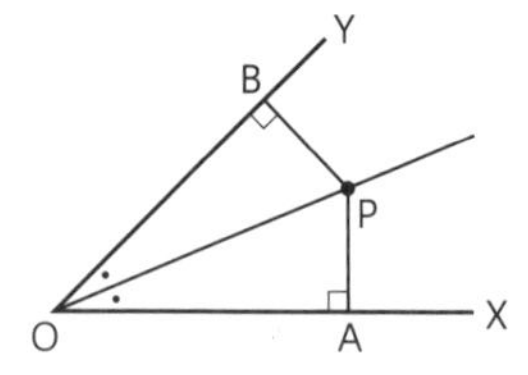

解 △AOPと△BOPにおいて，
仮定より，
∠AOP＝∠BOP ……①
∠OAP＝∠OBP＝90° ……②
共通な辺だから，OP＝OP ……③
①，②，③より，直角三角形の斜辺（しゃへん）と1つの鋭角（えいかく）がそれぞれ等しいから，
△AOP≡△BOP
合同な図形の対応する辺の長さは等しいから，
PA＝PB

直角三角形の合同を利用して，PA=PB を示す。

Check!
この証明では，「角の二等分線上の点から，角の2辺までの距離（きょり）は等しい」ことを証明している。

- 線分の長さや角の大きさが等しいことを証明するとき，直角三角形の合同を根拠（こんきょ）として使う場合がある。
- 直角三角形でも，p.70の「三角形の合同条件」は使えるので，5つの合同条件のうちのどれかが成り立てば，合同であることがいえる。

得点UP！ 斜辺の等しい直角三角形があるときは，直角三角形の合同条件を使うことを考えるとよい。

例題① 直角三角形と証明

右の図のように，AC＝BC の直角二等辺三角形 ABC の頂点 C を通る直線に，頂点 A，B からそれぞれ垂線 AP，BQ をひく。このとき，次の問いに答えなさい。

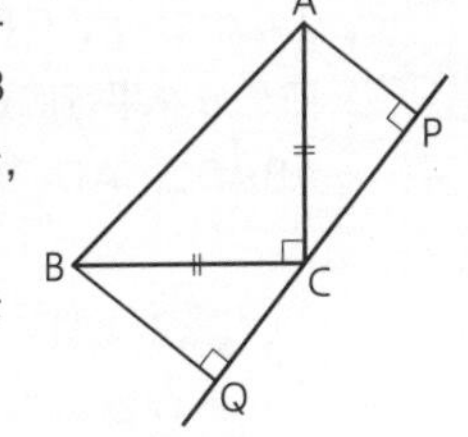

❶ △ACP≡△CBQ であることを証明しなさい。

❷ AP＋BQ＝PQ であることを証明しなさい。

ポイント ❶ ∠ACP を使って，∠CAP＝∠BCQ を示す。

解き方と答え

❶ △ACP と △CBQ において，

仮定より，AC＝CB ……①

∠APC＝**∠CQB**＝90° ……②

△ACP の内角の和は 180° だから，

∠CAP＝**180°**－90°－∠ACP（90° ← ∠APC）

＝**90°**－∠ACP ……③

また，∠BCQ＝180°－90°－**∠ACP**（90° ← ∠ACB）

＝90°－∠ACP ……④

③，④より，∠CAP＝**∠BCQ** ……⑤

①，②，⑤より，直角三角形の斜辺と**1つの鋭角**がそれぞれ等しいから，

△ACP≡△CBQ

テストで注意

直角三角形の合同条件を使うときは，「直角三角形の」を入れ忘れないように注意する。

❷ ❶の証明より，合同な図形の対応する辺の長さは等しいから，

AP＝CQ，CP＝**BQ**

したがって，AP＋BQ＝**CQ**＋CP＝PQ

月　日

37. 平行四辺形の性質 ①

① 平行四辺形の定義★★

定義　2組の対辺(たいへん)がそれぞれ平行である四角形を**平行四辺形**という。
AB//DC，AD//**BC**

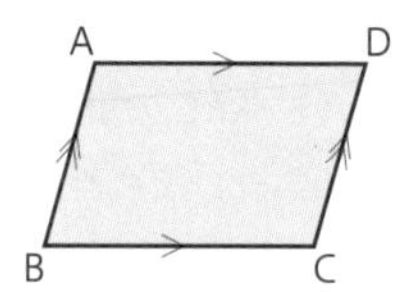

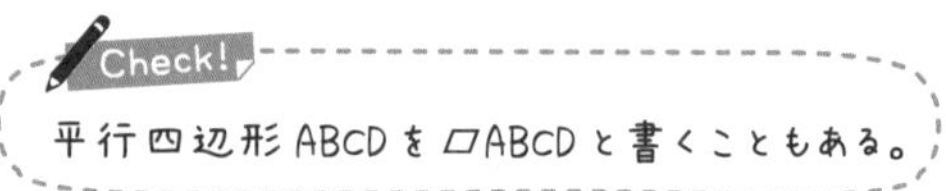

② 平行四辺形の性質★★

❶ **2組の対辺はそれぞれ等しい。**
AB＝**DC**，AD＝BC

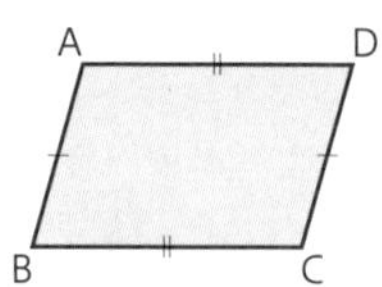

❷ **2組の対角(たいかく)はそれぞれ等しい。**
∠A＝∠C，∠B＝∠**D**

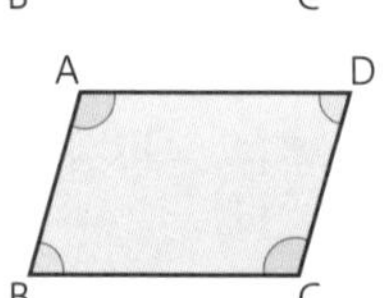

❸ **対角線はそれぞれの中点で交わる。**
AO＝CO，BO＝**DO**

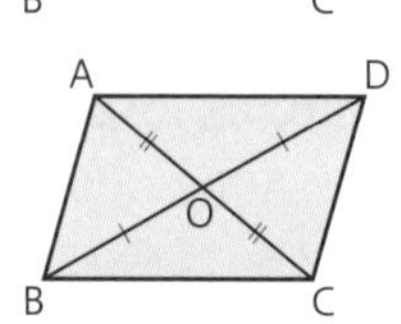

- 四角形の向かい合う辺を**対辺**，向かい合う角を**対角**という。
- 平行四辺形のとなり合う角の和は**180°**である。
  右の図で，∠A＋∠B＝180°
  　　　　　∠A＋∠**D**＝180°

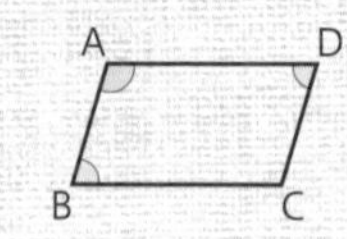

得点UP! 平行四辺形の問題では，平行四辺形の性質だけでなく，平行線の同位角や錯角(さっかく)が等しいこともよく利用される。

例題① 平行四辺形の性質

右の ▱ABCD で，$\angle x$ の大きさを求めなさい。

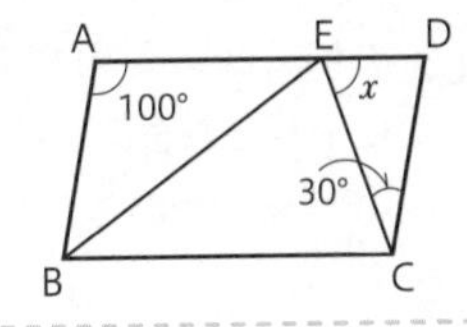

ポイント 平行四辺形の性質と平行線の角の性質を利用する。

解き方と答え

平行四辺形の対角は等しいから，$\angle BCD = \angle BAD = 100°$

平行線の錯角は等しいから，$\angle x = \angle BCE = 100° - 30° = 70°$

(別解) 平行四辺形のとなり合う角の和は 180° だから，

$\angle ADC = 180° - 100° = 80°$　△CDE において，$\angle x = 180° - 30° - 80° = 70°$

例題② 平行四辺形の性質の証明

「平行四辺形の 2 組の対辺はそれぞれ等しい」ことを右の ▱ABCD を使って証明しなさい。

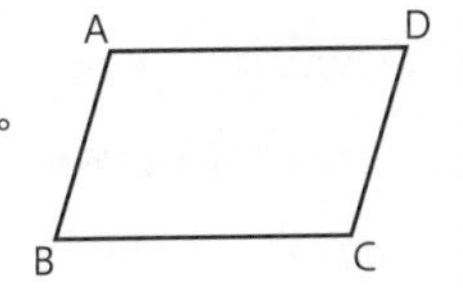

ポイント 三角形の合同を利用する。

解き方と答え

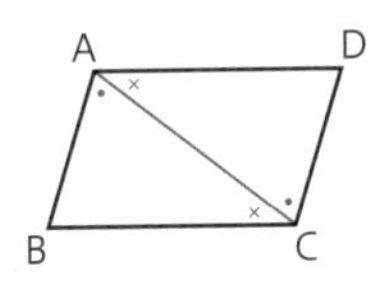

対角線 AC をひく。

△ABC と △CDA において，

共通な辺だから，AC = CA ……①

平行線の錯角は等しいから，$\angle BAC = \angle DCA$ ……②

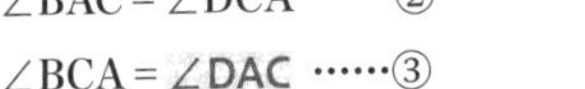
$\angle BCA = \angle DAC$ ……③

①，②，③より，1 組の辺とその両端(りょうたん)の角がそれぞれ等しいから，

△ABC ≡ △CDA

合同な図形の対応する辺の長さは等しいから，AB = CD，BC = DA

したがって，平行四辺形の 2 組の対辺はそれぞれ等しい。

月　日

38. 平行四辺形の性質 ②

① 平行四辺形の性質を使った証明★★★

問 ▱ABCD の対角線 BD に，頂点A，C からそれぞれ垂線 AE，CF をひくとき，AE＝CF であることを証明しなさい。

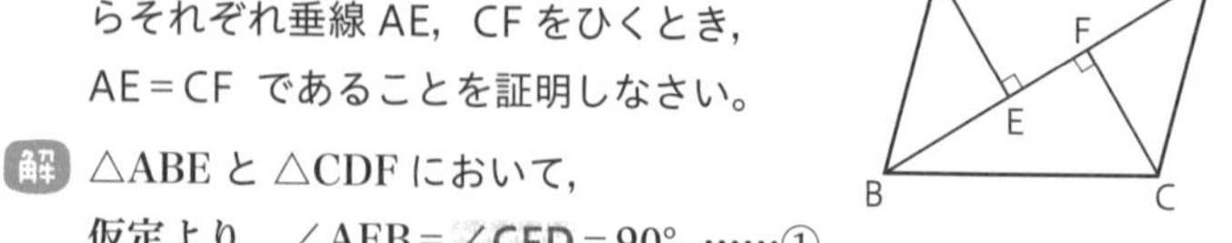

解 △ABE と △CDF において，

仮定より，∠AEB＝∠CFD＝90°　……①

平行四辺形の対辺はそれぞれ等しいから，

AB＝CD　……②

平行四辺形の性質を使う。

AB//DC より，平行線の錯角（さっかく）は等しいから，

∠ABE＝∠CDF　……③

①，②，③より，直角三角形の斜辺（しゃへん）と 1 つの鋭角（えいかく）がそれぞれ等しいから，

△ABE≡△CDF

合同な図形の対応する辺の長さは等しいから，AE＝CF

（別解）△AED と △CFB に着目して，証明する。

△AED と △CFB において，

仮定より，∠AED＝∠CFB＝90°　……①

平行四辺形の対辺はそれぞれ等しいから，AD＝CB　……②

AD//BC より，平行線の錯角は等しいから，

∠ADE＝∠CBF　……③

①，②，③より，直角三角形の斜辺と 1 つの鋭角がそれぞれ等しいから，△AED≡△CFB

合同な図形の対応する辺の長さは等しいから，AE＝CF

● 平行四辺形の定義や性質は，証明の根拠（こんきょ）として使うことができる。

平行四辺形では，対角線の中点を通る直線によって分けられる2つの図形は，合同になる。

例題① 平行四辺形の性質

右の ▱ABCD で，BE が ∠ABC の二等分線であるとき，x の値を求めなさい。

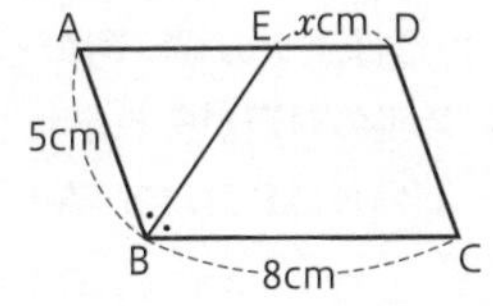

ポイント 平行線の角の性質を利用して，二等辺三角形を見つける。

解き方と答え

仮定より，∠ABE = ∠EBC ……①

AD//BC より，平行線の錯角は等しいから，∠AEB = **∠EBC** ……②

①，②より，∠AEB = ∠ABE

よって，△ABE は AB = **AE** の二等辺三角形だから，

AE = 5 cm

平行四辺形の対辺は等しいから，x = AD − AE = 8 − **5** = 3

例題② 平行四辺形の性質を使った証明

▱ABCD の対角線の交点を O とし，O を通る直線が AD，BC と交わる点を E，F とするとき，OE = OF であることを証明しなさい。

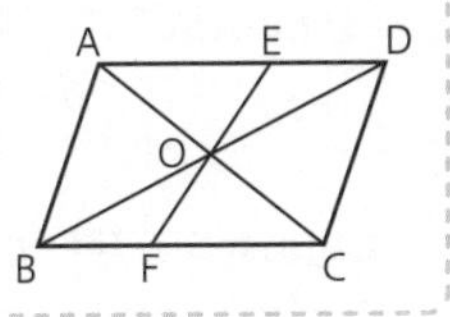

ポイント 平行四辺形の対角線は，それぞれの中点で交わる。

解き方と答え

△AOE と **△COF** において，

平行四辺形の対角線は，それぞれの**中点**で交わるから，OA = OC ……①

対頂角は等しいから，∠AOE = **∠COF** ……②

AD//BC より，平行線の**錯角**は等しいから，∠OAE = ∠OCF……③

①，②，③より，1 組の辺とその**両端**(りょうたん)の角がそれぞれ等しいから，

△AOE ≡ **△COF**

合同な図形の対応する辺の長さは等しいから，**OE = OF**

月　日

39. 平行四辺形になるための条件

① 平行四辺形になるための条件★★★

四角形は，次の❶～❺のどれか 1 つが成り立てば平行四辺形である。

❶ **2 組の対辺がそれぞれ平行である。**（定義）
四角形 ABCD で，AB//DC，AD//**BC**

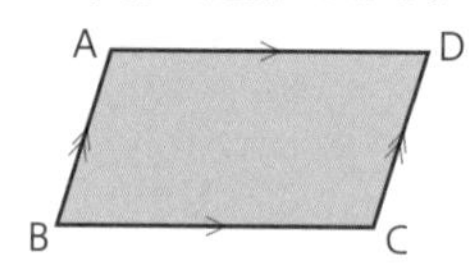

❷ **2 組の対辺がそれぞれ等しい。**
四角形 ABCD で，AB＝**DC**，AD＝BC

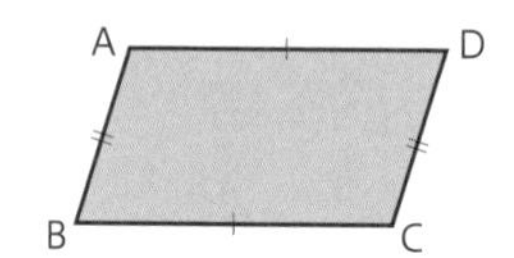

❸ **2 組の対角がそれぞれ等しい。**
四角形 ABCD で，∠A＝∠C，∠B＝**∠D**

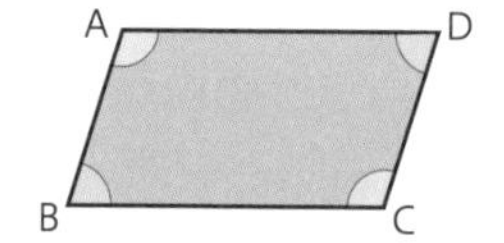

❹ **対角線がそれぞれの中点で交わる。**
四角形 ABCD で，AO＝**CO**，BO＝DO

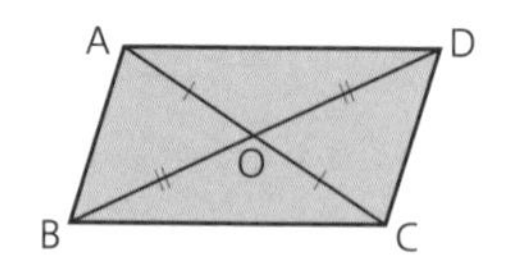

❺ **1 組の対辺が平行でその長さが等しい。**
四角形 ABCD で，AB//DC，AB＝**DC**

❺以外は，平行四辺形の定義や性質の逆と考えればよい。

● ❺では，1 組の対辺を，AD と BC として，
AD//BC，AD＝BC でもよい。

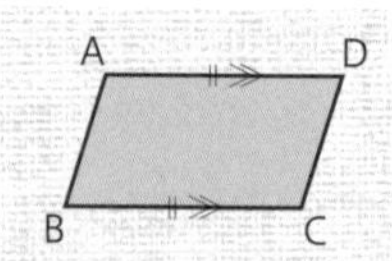

三角形の合同条件や平行四辺形になるための条件は，証明するときに必要になるので，きちんと覚えておこう。

例題① 平行四辺形になる条件 ①

▱ABCD の辺 AD，BC の中点をそれぞれ E，F とすれば，四角形 EBFD は平行四辺形であることを証明しなさい。

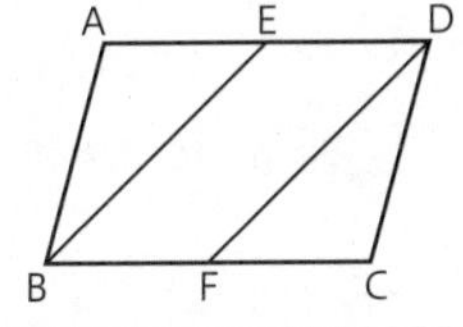

ポイント 1組の対辺が平行でその長さが等しければ，平行四辺形

解き方と答え

AD//BC だから，ED//**BF** ……①

平行四辺形の対辺は等しいから，AD＝BC ……②

E，F はそれぞれ AD，BC の**中点**だから，②より，ED＝BF ……③

四角形 EBFD において，①，③より，1 組の対辺が**平行でその長さが等しい**から，この四角形は平行四辺形である。

例題② 平行四辺形になる条件 ②

▱ABCD の対角線 AC 上に，AP＝CQ となる点 P, Q をとるとき，四角形 PBQD は平行四辺形であることを証明しなさい。

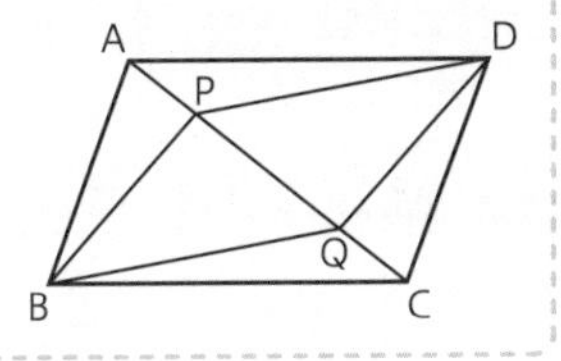

ポイント 対角線がそれぞれの中点で交われば，平行四辺形

解き方と答え

対角線 BD をひき，AC との交点を O とする。

平行四辺形の対角線はそれぞれの中点で交わるから，

AO＝CO ……①　BO＝**DO** ……②

仮定より，AP＝CQ ……③

①，③より，PO＝**QO** ……④

四角形 PBQD において，②，④より，**対角線**がそれぞれの中点で交わるから，この四角形は平行四辺形である。

40. いろいろな四角形

① いろいろな四角形★★

❶ 長方形

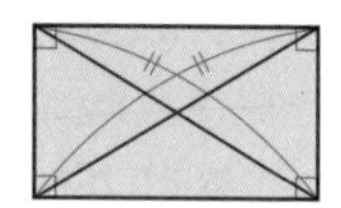

定義 4 つの角が等しい四角形

対角線の性質 長さが等しい

❷ ひし形

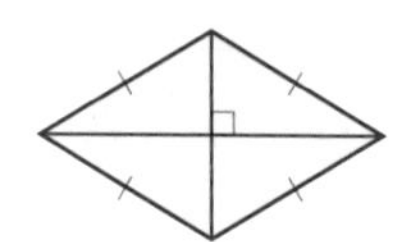

定義 4 つの辺が等しい四角形

対角線の性質 垂直に交わる

❸ 正方形

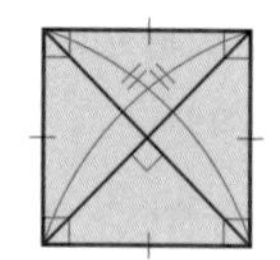

定義 4 つの角が等しく，4 つの辺が等しい四角形

対角線の性質 長さが等しく垂直に交わる

② 特別な平行四辺形★★

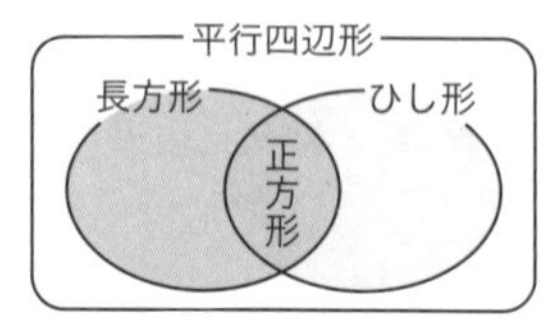

← 長方形，ひし形，正方形は，平行四辺形の特別な場合である。

- 長方形，ひし形，正方形は，平行四辺形の性質をすべてもっている。
  ① 2 組の対辺がそれぞれ平行である。 ② 2 組の対辺はそれぞれ等しい。
  ③ 2 組の対角はそれぞれ等しい。 ④ 対角線はそれぞれの中点で交わる。
- 長方形であり，ひし形でもある四角形が正方形なので，正方形は，長方形とひし形の両方の性質をもっている。

得点UP! 長方形，ひし形，正方形は，平行四辺形の性質をもっているので，証明するときに平行四辺形の性質を使ってもよい。

例題① 長方形の性質の証明

長方形ABCDの2つの対角線AC，BDの長さは等しいことを証明しなさい。

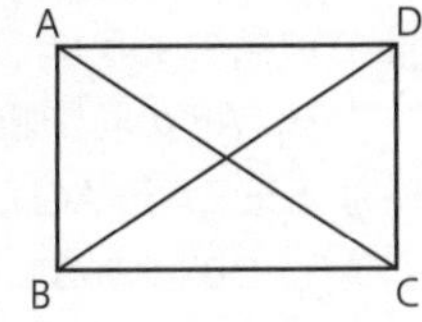

ポイント 長方形の4つの角は等しい。

解き方と答え

△ABCと△DCBにおいて，

長方形の対辺は等しいから，AB＝DC ……①

長方形の4つの角は等しいから，∠ABC＝∠DCB＝90° ……②

共通な辺だから，BC＝CB ……③

①，②，③より，2組の辺とその間の角がそれぞれ等しいから，

△ABC≡△DCB

合同な図形の対応する辺の長さは等しいから，AC＝DB

例題② 特別な平行四辺形になる条件

▱ABCDがひし形になるには，どんな条件を加えればよいですか。次のア～エの中からあてはまるものをすべて選び，記号で答えなさい。

ア ∠A＝90°　イ AC⊥BD　ウ AC＝BD　エ AB＝AD

ポイント ひし形は平行四辺形の性質をすべてもっている。

解き方と答え

イ 対角線が垂直に交わる平行四辺形はひし形である。

エ 平行四辺形の対辺は等しいから，AB＝AD のとき，
AB＝AD＝DC＝BC である。
4つの辺が等しいからひし形である。

答 イ，エ

part 1 式の計算　part 2 連立方程式　part 3 1次関数　part 4 平行と合同　part 5 三角形と四角形　part 6 確率とデータの分析

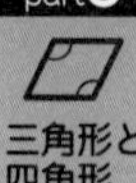

月　日

41. いろいろな証明

① 2つの正三角形と証明★★

問 右の図のように，線分 AB 上に点 C をとり，AB の同じ側に，AC，CB を 1 辺とする正三角形 ACD，CBE をつくるとき，AE = DB であることを証明しなさい。

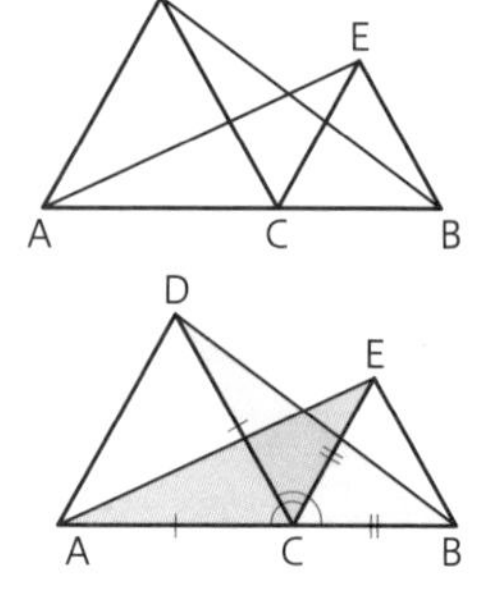

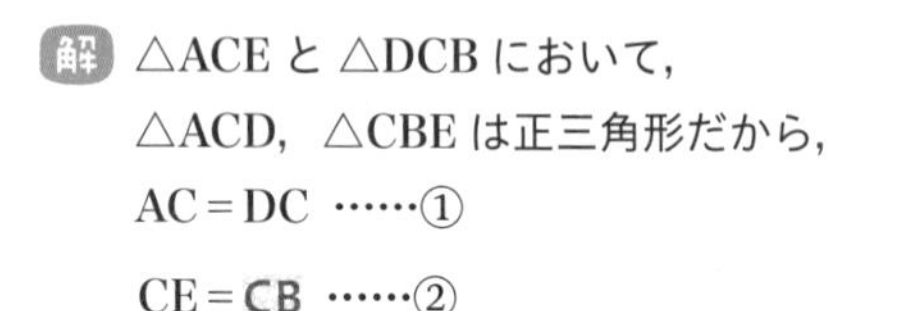

解 △ACE と △DCB において，

△ACD，△CBE は正三角形だから，

AC = DC ……①

CE = **CB** ……②

正三角形の 1 つの内角は **60°** だから，

∠ACE = ∠ACD + ∠DCE

　　　= 60° + ∠DCE ……③

∠DCB = ∠BCE + ∠DCE

　　　= **60°** + ∠DCE ……④

③，④より，∠ACE = ∠DCB ……⑤

①，②，⑤より，2 組の辺と**その間の角**がそれぞれ等しいから，

△ACE ≡ △DCB

合同な図形の対応する辺の長さは等しいから，

AE = **DB**

● 右の図のように，△CBE を点 C を中心として回転させても，同じ手順で証明できるので，AE = DB が成り立つ。

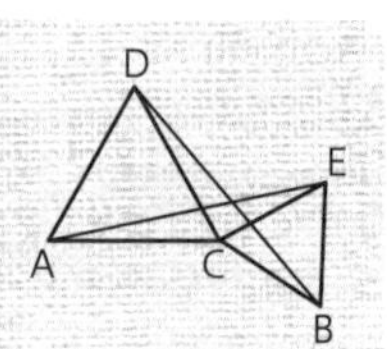

得点UP! 合同条件をいうために必要な内容は，番号や記号をつけて整理しておく。

例題① 2つの正方形と証明

次の❶，❷の図において，四角形 ABCD と四角形 CEFG がどちらも正方形であるとき，BG＝DE であることを証明しなさい。

❶
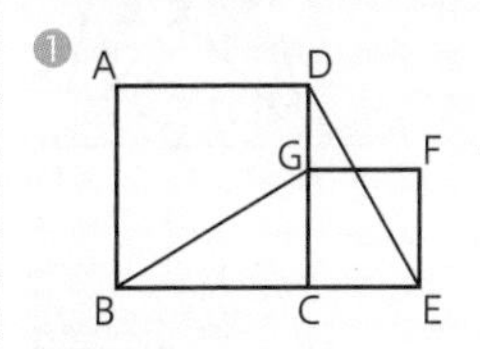

❷
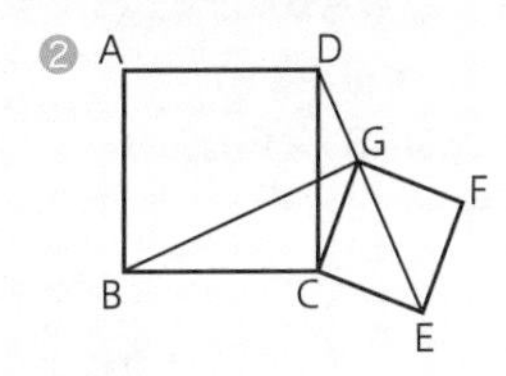

ポイント 正方形の性質を利用する。

解き方と答え

❶ △BCG と △DCE において，

四角形 ABCD，四角形 CEFG は正方形だから，

BC＝DC ……①，CG＝CE ……②

正方形の 1 つの内角は 90° だから，

∠BCG＝∠DCE＝90° ……③

①，②，③より，2 組の辺とその間の角がそれぞれ等しいから，

△BCG≡△DCE

合同な図形の対応する辺の長さは等しいから，BG＝DE

❷ △BCG と △DCE において，

四角形 ABCD，四角形 CEFG は正方形だから，

BC＝DC ……①，CG＝CE ……②

正方形の 1 つの内角は 90° だから，

∠BCG＝∠BCD＋∠DCG＝90°＋∠DCG ……③

∠DCE＝∠GCE＋∠DCG＝90°＋∠DCG ……④

③，④より，∠BCG＝∠DCE ……⑤

①，②，⑤より，2 組の辺とその間の角がそれぞれ等しいから，

△BCG≡△DCE

合同な図形の対応する辺の長さは等しいから，BG＝DE

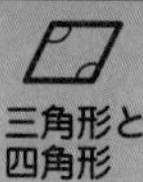

月　日

42. 平行線と面積

① 平行線と面積★★★

❶ PQ//AB ならば,

△PAB＝**△QAB**

↑面積が等しい

❷ △PAB＝△QAB ならば,

PQ//**AB**

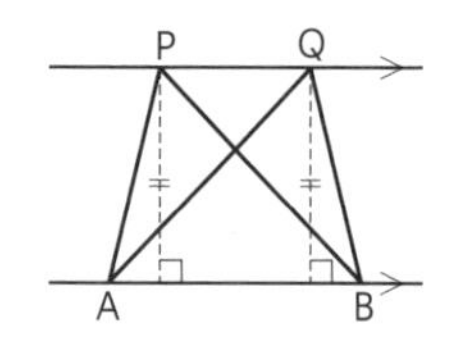

- 平行な 2 直線の間の距離（きょり）はつねに等しい。
- 底辺が共通で高さの等しい三角形の面積は等しい。

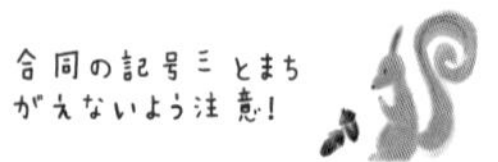

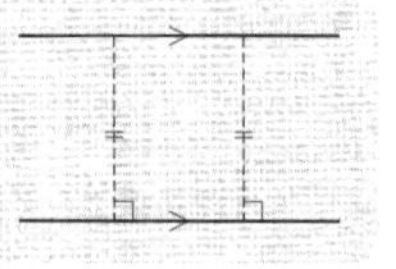

② 等積変形（とうせきへんけい）★★

四角形 ABCD と面積が等しい三角形のつくり方

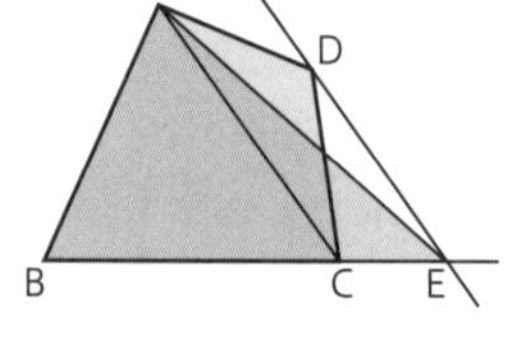

❶ 対角線 AC をひく。

❷ 点 D を通り，対角線 AC に**平行**な直線 ℓ をひく。

❸ 直線 ℓ と辺 BC を延長した直線との交点を E とする。

❹ 点 A と点 E とを結んで，△ABE をつくる。

このとき，四角形 ABCD＝**△ABE**

- 図形を，その面積を変えずに別の図形に変形することを**等積変形**という。
- 上の図で，DE//AC より，△DAC＝**△EAC** だから，
  四角形 ABCD＝△ABC＋△DAC＝△ABC＋**△EAC**＝△ABE

得点UP! 等積変形するときは，平行線と面積の関係を利用することを考えるとよい。

例題① 平行線と面積

▱ABCD の対角線 BD に平行な直線が辺 AD，AB と交わる点を，それぞれ E，F とする。このとき，△CDE と等しい面積をもつ三角形をすべて求めなさい。

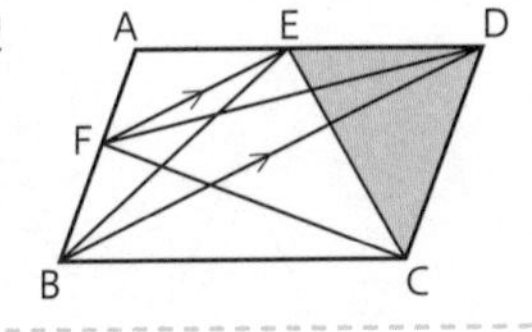

ポイント 底辺が共通で，高さが同じ三角形の面積は等しい。

解き方と答え

△CDE の底辺を DE とするとき，

AD//BC より，△CDE＝**△BDE**

次に，△BDE の底辺を BD とするとき，

EF//BD より，△BDE＝**△BDF**

同様にして，AB//CD より，△BDF＝**△BCF**

答 △BDE，△BDF，△BCF

例題② 等積変形

△ABC において，辺 BC の中点を M，AB 上の点を P とするとき，辺 BC 上に点 Q をとって，線分 PQ が △ABC の面積を2 等分するようにしなさい。

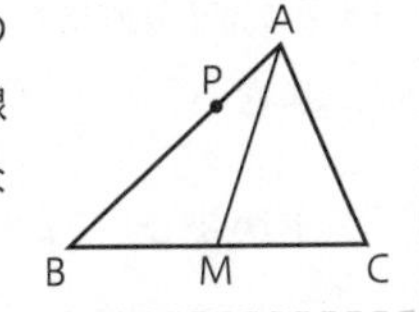

ポイント 辺 BC 上に，PM//AQ となる点 Q をとる。

解き方と答え

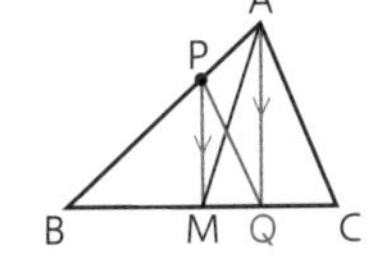

点 M は辺 BC の中点だから，△ABM＝**△ACM**

右の図のように，辺 BC 上に，PM//AQ となる点 Q をとり，点 P と Q を結ぶ。

このとき，△APM＝**△QPM**

△ABM＝△BPM＋△APM＝△BPM＋**△QPM**＝**△BPQ** だから，

PQ が求める線分である。

まとめテスト

月　日

□❶ 次の図で，$\angle x$ の大きさを求めなさい。

① AB=AC,
BD⊥AC

② AB=BC=CD=DA
=AE=EF=FA

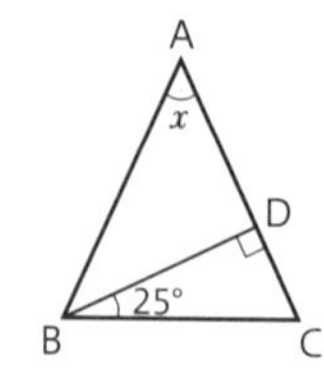

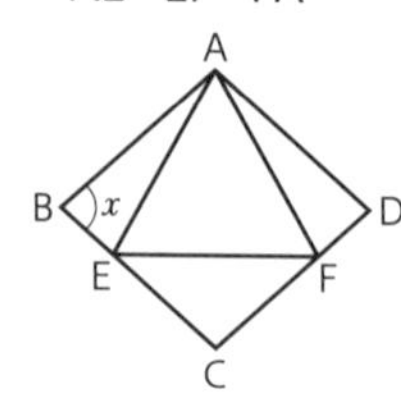

□❷ 次の図形の定義を答えなさい。

① 長方形　　② 平行四辺形

□❸ 直角三角形の合同条件をすべて答えなさい。

① ［　　　　］がそれぞれ等しい。

② ［　　　　］がそれぞれ等しい。

□❹ 平行四辺形になるための条件を1つ答えなさい。

□❺ 下の図は，2AB=AD の▱ABCDで，M，N はそれぞれ辺 AD，BC の中点である。AN と BM，MC と ND の交点をそれぞれ P，Q とするとき，次の四角形はどんな四角形になるか答えなさい。

① 四角形 MNCD　　② 四角形 PNQM

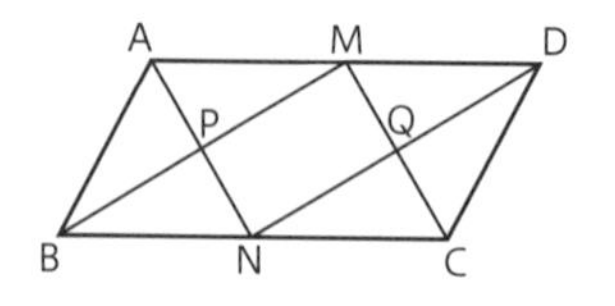

解答

❶ ① **50°**

② **80°**

解き方 ② ∠BAE=∠DAF
$=180° - 2x$
ひし形の隣り合う角の和は 180° なので，
$x + (180° - 2x) \times 2 + 60° = 180°$
これを解いて，
$x = 80°$

❷ ① **4つの角が等しい四角形**

② **2組の対辺がそれぞれ平行である四角形**

❸ ① **直角三角形の斜辺（しゃへん）と他の1辺**

② **直角三角形の斜辺と1つの鋭角（えいかく）**

（順不同）

❹ （例）**1組の対辺が平行でその長さが等しい**

❺ ① **ひし形**

② **長方形**

解き方 ② ひし形の対角線は垂直に交わるから，
∠MPN=∠MQN=90°

□❻ 次のことがらの逆が正しいときは○を，正しくないときは反例を答えなさい。

① $a=b$ ならば $ac=bc$ である。

② ▱ABCD ならば対角線はそれぞれの中点で交わる。

□❼ 右の図は，正方形ABCD と，正三角形PBD，QAD を組み合わせた図形である。PQ⊥DQ であることを証明した。□に入る式や記号，言葉を答えなさい。

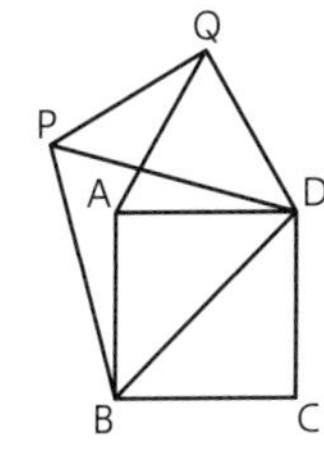

(証明) △QPD と △ABD において，

仮定より，[①]，PD＝BD

正三角形 PBD，QAD だから，

∠[②]＝∠QDA＝60°

また，∠QDP＝[③]＝60°－∠PDA

[④]＝∠PDB－∠PDA＝60°－∠PDA

だから，[⑤]

[⑥]がそれぞれ等しいから，

△QPD≡△ABD

よって，∠PQD＝∠BAD＝90° だから，

PQ⊥DQ

□❽ ▱ABCD に右の図のように線をひいた。EF//BC であるとき，△AFD と面積の等しい三角形をすべて答えなさい。

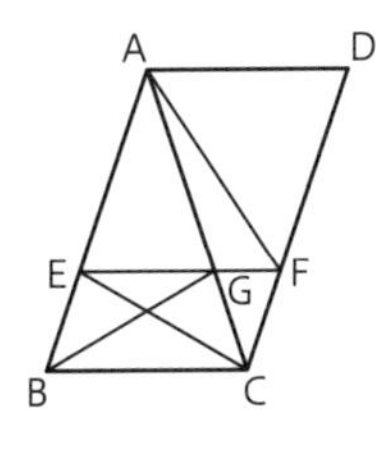

❻ ① (例) $a=1$，$b=3$，$c=0$

② ○

❼ ① QD＝AD

② PDB

③ ∠QDA－∠PDA

④ ∠ADB

⑤ ∠QDP＝∠ADB

⑥ 2組の辺とその間の角

❽ △AFE，△ACE，△AGB

解き方 四角形 AEFD は平行四辺形だから，

△AFD＝△AFE

AB//DC より，

△AFE＝△ACE

EF//BC より，

△CEG＝△BEG

だから，

△ACE＝△AGB

part 1 式の計算　part 2 連立方程式　part 3 1次関数　part 4 平行と合同　part 5 三角形と四角形　part 6 確率とデータの分析

月　日

43. 場合の数

① 並べ方★★

❶ A，B，Cの3人を1列に並べるときの並べ方

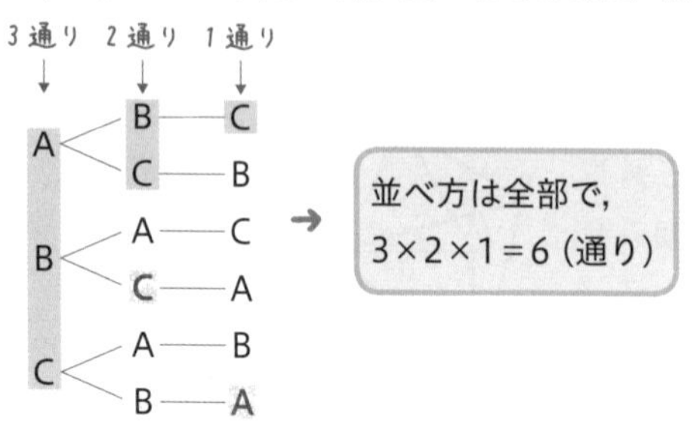

❷ 0，1，2の3つの数を1回ずつ使って表す3けたの整数

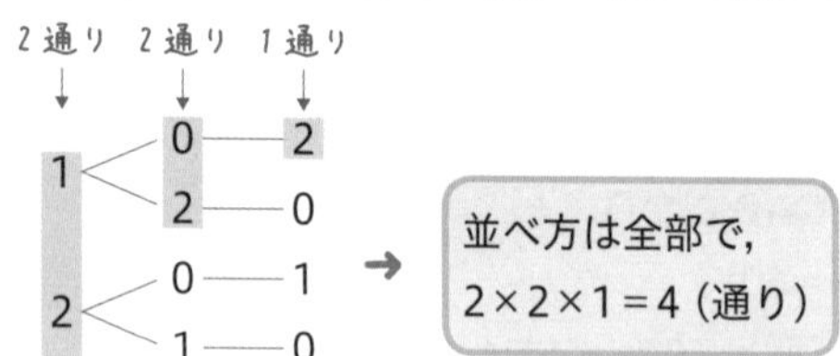

● 上の図のように，枝分かれしていく図を樹形図（じゅけいず）という。

② 組み合わせ方★★

A，B，C，Dの4人から2人を選ぶときの組み合わせ方（選び方）

(A，B)　(A，C)　(A，D)
　　　　(B，C)　(B，D)
　　　　　　　　(C，D)

→ 組み合わせ方（選び方）は全部で，
3＋2＋1＝6（通り）

● (A，B)と(B，A)はどちらもAとBの2人を選ぶことだから，同じ組み合わせ方と考える。

得点UP! 樹形図を使うと，場合の数をもれなく，重複なく求めることができるので便利である。

例題① 並べ方

A，B，C，Dの4人が横一列に並んで写真をとる。左端（ひだりはし）にはAかBが立つことにすると，4人の並び方は何通りありますか。

●○○○
↑
AかB

ポイント Aが左端の場合と，Bが左端の場合を考える。

解き方と答え

（Aが左端の場合）

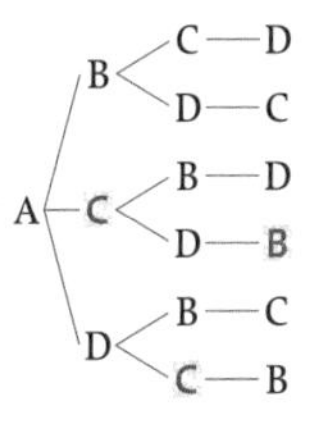

（Bが左端の場合）

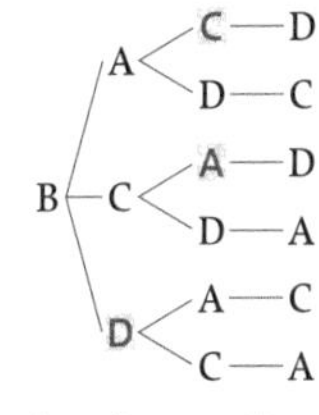

Aが左端の場合もBが左端の場合も6通りだから，$6\times2=12$（通り）

例題② 組み合わせ方

A，B，C，D，Eの5人から2人の委員を選ぶとき，その選び方は何通りありますか。

ポイント 選ぶ2人の順番は考えない。

解き方と答え

選び方を書きあげると，次のようになる。

(A，B)，(A，C)，(A，D)，(A，E)

(B，C)，(B，D)，(B，E)

(C，D)，(C，E)

(D，E)

したがって，全部で $4+3+2+1=10$（通り）

44. 確率 ①

① 確率の求め方★★★

どの場合が起こることも同様に確からしいとき,

$$\left(\text{ことがらAの起こる確率}\right) = \frac{(\text{ことがらAの起こる場合の数})}{(\text{起こりうるすべての場合の数})}$$

（ことがらAの起こる確率 → p，ことがらAの起こる場合の数 → a 通り，起こりうるすべての場合の数 → n 通り）

↓

$$p = \frac{a}{n}$$

- 起こりうるすべての結果のどれが起こることも同じ程度に期待できるとき，どの結果が起こることも**同様に確からしい**という。
  - 例　1つのさいころを投げるとき，どの目が出ることも同じ程度期待できる。
- あることがらの起こる確率を p とすると，p のとりうる値の範囲(はんい)は，$0 \leqq p \leqq 1$ となる。かならず起こることがらの確率は 1，決して起こらないことがらの確率は 0 である。

② さいころと確率★★★

大小 2 つのさいころの目の出方は全部で，6×6＝**36（通り）**

小＼大	⚀	⚁	⚂	⚃	⚄	⚅
⚀	(1, 1)	(1, 2)	(1, 3)	(1, 4)	(1, 5)	(1, 6)
⚁	(2, 1)	(2, 2)	(2, 3)	(2, 4)	(2, 5)	(2, 6)
⚂	(3, 1)	(3, 2)	(3, 3)	(3, 4)	(3, 5)	(3, 6)
⚃	(4, 1)	(4, 2)	(4, 3)	(4, 4)	(4, 5)	(4, 6)
⚄	(5, 1)	(5, 2)	(5, 3)	(5, 4)	(5, 5)	(5, 6)
⚅	(6, 1)	(6, 2)	(6, 3)	(6, 4)	(6, 5)	(6, 6)

確率を求めるときは，まず起こりうるすべての場合の数を数える。そのときに，もれや重複がないように注意する。

例題① 硬貨と確率

2枚の硬貨A，Bを同時に投げるとき，1枚の硬貨が表で，もう1枚が裏となる確率を求めなさい。

ポイント 樹形図か表をかき，起こりうるすべての場合を求める。

解き方と答え

右の樹形図より，起こりうるすべての場合は $2\times2=4$（通り）あり，どの場合が起こることも同様に確からしい。
このうち，1枚が表，もう1枚が裏の場合は★をつけた2通りあるから，求める確率は，$\frac{2}{4}=\frac{1}{2}$

A　B
表 ─ 表
表 ─ 裏 ★
裏 ─ 表 ★
裏 ─ 裏

書き出しわすれに気をつけよう

例題② さいころと確率

2つのさいころA，Bを同時に投げるとき，2つの目の数の和が4以下，和が8になる確率をそれぞれ求めなさい。

ポイント 起こりうる場合の数を表を利用して求める。

解き方と答え

大小2つのさいころの目の出方は，
全部で，$6\times6=36$（通り）
目の数の和が4以下になるのは　の部分で
6通りだから，求める確率は，$\frac{6}{36}=\frac{1}{6}$
目の数の和が8になるのは　の部分で5通りだから，求める確率は，$\frac{5}{36}$

小＼大	1	2	3	4	5	6
1	2	3	4	5	6	7
2	3	4	5	6	7	8
3	4	5	6	7	8	9
4	5	6	7	8	9	10
5	6	7	8	9	10	11
6	7	8	9	10	11	12

45. 確率 ②

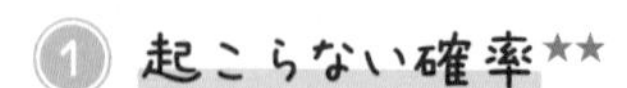

① 起こらない確率★★

ことがらAの起こる確率をpとすると，

Aの起こらない確率＝$1-p$

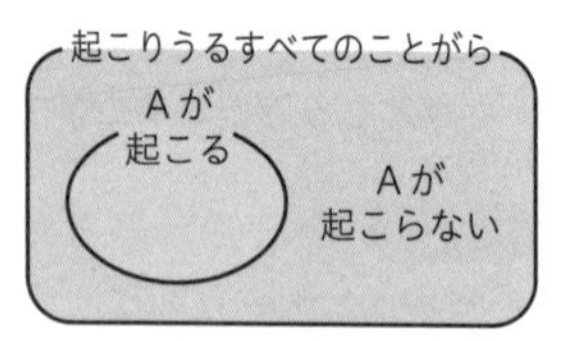

● 一般に，ことがらAについて，
Aの起こる確率＋Aの起こらない確率＝1 が成り立つから，
Aの起こらない確率＝1－Aの起こる確率

例 さいころを1回投げるとき，3の目が出ない確率は，

1－(3の目が出る確率)＝$1-\frac{1}{6}=\frac{5}{6}$

② くじと確率★★

問 4本のうち，2本の当たりくじがはいっているくじがある。このくじを，A，Bの2人がこの順に1本ずつひくとき，AもBも当たる確率を求めなさい。

解 当たりくじを①，②，はずれくじを❸，❹とする。

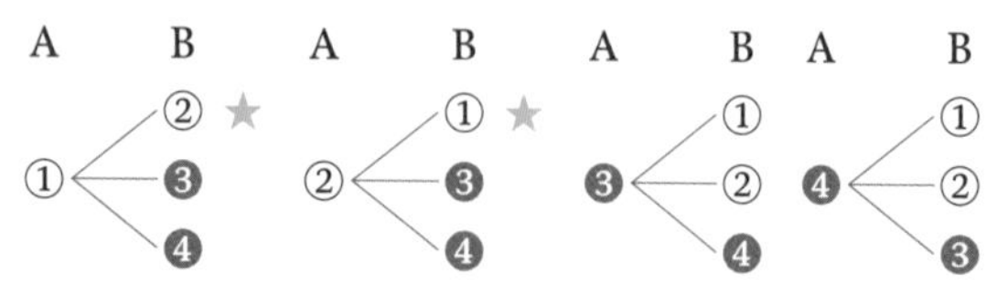

樹形図より，A，Bのくじのひき方は全部で，4×3＝12（通り）
このうち，AもBも当たるのは★をつけた2通りだから，
求める確率は，$\frac{2}{12}=\frac{1}{6}$

2枚の硬貨（こうか）を投げたときの表裏の出方は　2×2=4（通り），
3枚の硬貨を投げたときの表裏の出方は　2×2×2=8（通り）

例題① 硬貨と確率

3枚の硬貨A，B，Cを同時に投げるとき，少なくとも1枚表が出る確率を求めなさい。

ポイント 1−（1枚も表が出ない確率）で求める。

解き方と答え

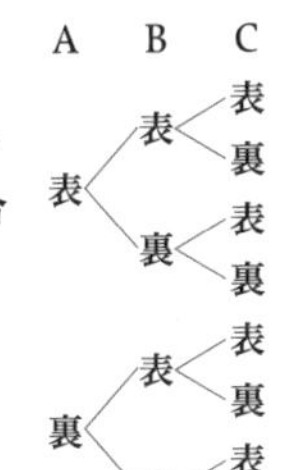

右の樹形図より，表裏の出方は　$2\times2\times2=8$（通り）ある。
このうち，1枚も表が出ないのは，3枚とも裏が出る場合だから，1通り。

その確率は $\frac{1}{8}$ だから，求める確率は，

$1-\frac{1}{8}=\frac{7}{8}$

例題② くじと確率

5本のうち，3本の当たりくじがはいっているくじがある。このくじを，A，Bの2人がこの順に1本ずつひくとき，Aが当たり，Bがはずれる確率を求めなさい。

ポイント Aは5本から，Bは4本から1本ひく。

解き方と答え

当たりくじを①，②，③，はずれくじを❹，❺とする。

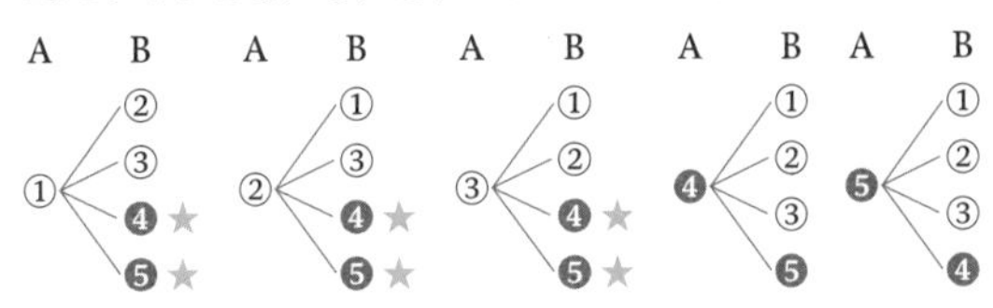

樹形図より，A，Bのくじのひき方は全部で，$5\times4=20$（通り）
このうち，Aが当たり，Bがはずれるのは★をつけた6通りだから，

求める確率は，$\frac{6}{20}=\frac{3}{10}$

月　日

46. 確率 ③

① 玉と確率★★

問 赤玉が2個，白玉が2個入った袋(ふくろ)から同時に2個取り出すとき，1個が赤玉で，1個が白玉になる確率を求めなさい。

解 赤玉を赤1，赤2，白玉を白1，白2とすると，玉の取り出し方は次のようになる。

{赤1，赤2}，{赤1，白1}，{赤1，白2}
{赤2，白1}，{赤2，白2}
{白1，白2}

起こりうる場合の数は全部で，

3＋2＋1＝6（通り）

1個が赤玉で，1個が白玉になる場合の数は，下線をひいた4通りだから，求める確率は，$\frac{4}{6}=\frac{2}{3}$

テストで注意
{赤1，赤2}と{赤2，赤1}は同じ組み合わせだから，1通りと考える。

② カードと確率★★

問 1，2，3，4の数が1つずつ書かれた4枚のカードがある。このカードの中から，はじめに取り出したカードを十の位，次に取り出したカードを一の位として，2けたの整数をつくる。できた整数が4の倍数になる確率を求めなさい。

解 樹形図に表すと，次のようになる。

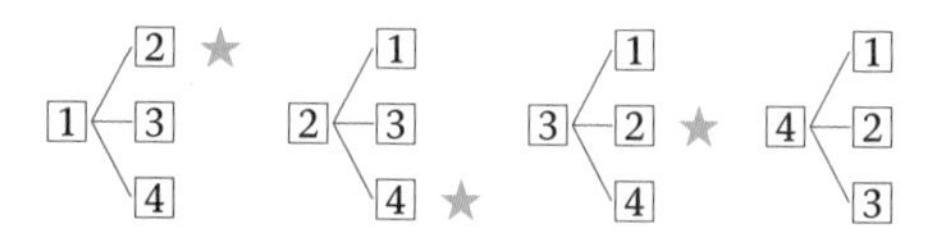

取り出し方は全部で，4×3＝12（通り）

4の倍数になるのは★をつけた3通りだから，求める確率は，

$\frac{3}{12}=\frac{1}{4}$

色のついた玉を取り出す問題では，同じ色の玉も区別して考えなければいけない。

例題① 玉と確率

赤玉が2個，白玉が2個，青玉が1個入った袋から同時に2個取り出すとき，同じ色の玉を取り出す確率を求めなさい。

ポイント 赤玉2個，または白玉2個を取り出す場合を考える。

解き方と答え

赤玉を赤1，赤2，白玉を白1，白2，青玉を青とすると，

{赤1，赤2}，{赤1，白1}，{赤1，白2}，{赤1，青}，

{赤2，白1}，{赤2，白2}，{赤2，青}，

{白1，白2}，{白1，青}，

{白2，青}

取り出し方は全部で，4＋3＋2＋1＝10（通り）

同じ色の玉を取り出すのは下線をひいた2通りだから，

求める確率は，$\frac{2}{10}=\frac{1}{5}$

例題② カードと確率

2，3，4，5の数が1つずつ書かれた4枚のカードがある。このカードの中から，はじめに取り出したカードを十の位，次に取り出したカードを一の位として，2けたの整数をつくる。できた整数が3の倍数になる確率を求めなさい。

ポイント はじめは4枚から，2回目は3枚から取り出す。

解き方と答え

下の樹形図より，取り出し方は全部で，4×3＝12（通り）

3の倍数になるのは★をつけた4通りだから，求める確率は，$\frac{4}{12}=\frac{1}{3}$

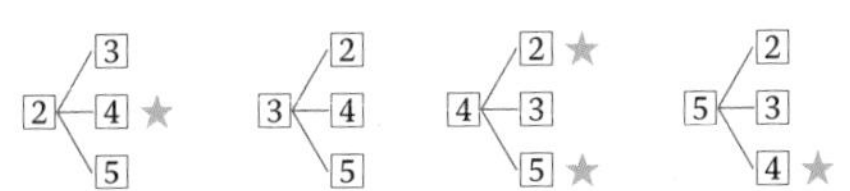

月　日

47. 四分位数と箱ひげ図

① 四分位数と四分位範囲★★

❶ **四分位数**…データを小さい順に並べたとき，4 等分する位置の値

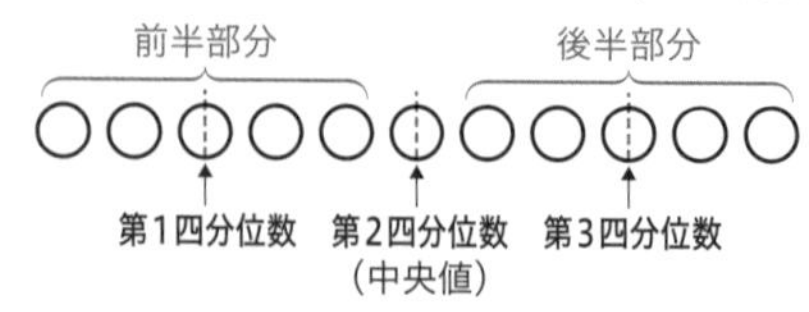

❷ **四分位範囲＝第 3 四分位数－第 1 四分位数**

- データを小さい順に並べたとき，4 等分する位置の値を四分位数といい，小さい方から**第 1 四分位数**，第 2 四分位数，**第 3 四分位数**という。第 1 四分位数は前半部分の中央値，第 2 四分位数はデータ全体の中央値，第 3 四分位数は後半部分の中央値である。

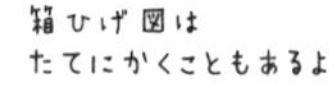

② 箱ひげ図★★

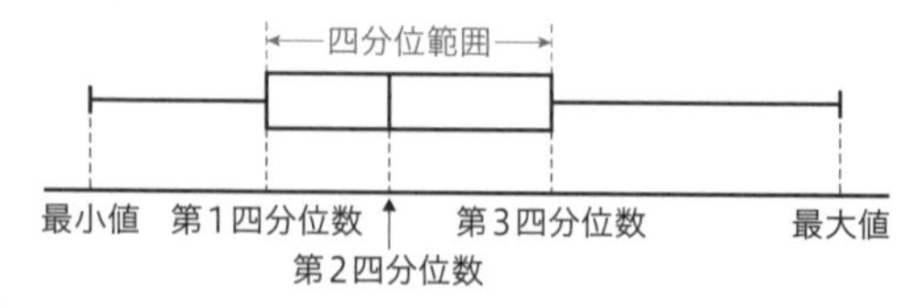

Check!

箱ひげ図では，平均値の位置を，右の図のように+で表すこともある。

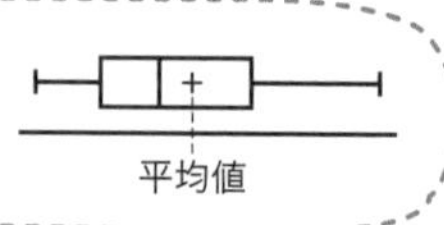

- 上の図のように，最小値・最大値や四分位数を用いて表した図を**箱ひげ図**という。
- 箱の横の長さは四分位範囲を表している。

データの中に極端(きょくたん)に離(はな)れた値があるとき，範囲は影響(えいきょう)を受けるが，四分位範囲はその影響をほとんど受けない。

例題① 四分位数と四分位範囲

次の10個のデータについて，次の問いに答えなさい。

32，29，35，26，25，32，30，35，38，23

❶ 四分位数を答えなさい。　❷ 四分位範囲を求めなさい。

ポイント ❶ データを小さい順に並べて調べる。

解き方と答え

❶ データを小さい順に並べると，

23，25，26，29，30，32，32，35，35，38

第1四分位数は，26

第2四分位数(中央値)は，(30＋32)÷2＝31

第3四分位数は，35

❷ 第3四分位数－第1四分位数＝35－26＝9

> Check!
> 第2四分位数は5番目と6番目の平均値を求める。

例題② 箱ひげ図

次の図は，あるクラスの数学のテストの結果を箱ひげ図に表したものである。下の問いに答えなさい。

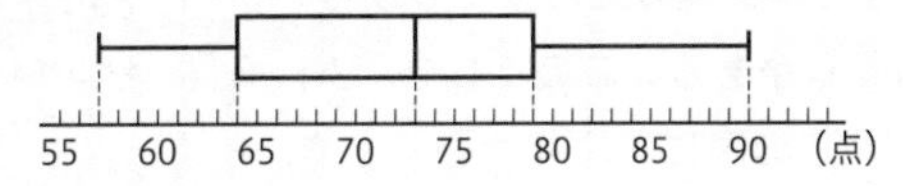

❶ 四分位数を求めなさい。

❷ 範囲と四分位範囲を求めなさい。

ポイント 箱ひげ図のしくみを理解して，数値を読み取る。

解き方と答え

❶ 第1四分位数…64点，第2四分位数…73点，第3四分位数…79点

❷ 最大値は90点，最小値は57点だから，範囲は，90－57＝33(点)

四分位範囲は，79－64＝15(点)

part 6

まとめテスト

月　日

□❶ 1，2，3，4 の書かれた 4 枚のカードを並べてできる 4 けたの整数は，全部で何通りありますか。

□❷ 0，1，3，5 の書かれた 4 枚のカードを並べてできる 4 けたの整数は，全部で何通りありますか。

□❸ 男子 3 人，女子 2 人の中から，書記を 3 人選びたい。次のとき選び方は何通りになるか答えなさい。

①全員の中から 3 人を選ぶ。

②男子から 1 人，女子から 2 人選ぶ。

③女子から少なくとも 1 人選ぶ。

□❹ 3 枚のコインを同時に投げるとき，1 枚が表で 2 枚は裏が出る確率を求めなさい。

□❺ 大小 2 つのサイコロを投げるとき，目の数の和が 3 の倍数になる確率を求めなさい。

□❻ 5 本のうち，2 本の当たりくじがはいっているくじがある。このくじを，A，B の 2 人がこの順に 1 本ずつひくとき，B が当たる確率を求めなさい。

□❼ 3 人でジャンケンをしたとき，1 人だけが勝つ確率を求めなさい。

□❽ 赤玉が 3 個，青玉が 2 個，黄玉が 1 個入った袋(ふくろ)から同時に 3 個取り出すとき，少なくとも 1 個は赤玉が出る確率を求めなさい。

❶ **24 通り**

解き方　$4\times3\times2\times1=24$

❷ **18 通り**

解き方　$3\times3\times2\times1=18$

❸ ① **10 通り**

② **3 通り**

③ **9 通り**

❹ $\frac{3}{8}$

❺ $\frac{1}{3}$

❻ $\frac{2}{5}$

❼ $\frac{1}{3}$

解き方　起こりうるすべての場合の数は，

$3\times3\times3=27$（通り）

1 人だけが勝つ場合は，

$3\times3=9$（通り）

❽ $\frac{19}{20}$

解き方　赤玉が 1 個もでない，つまり青玉と黄玉のみが出るのは 1 通りなので，

$1-\frac{1}{20}=\frac{19}{20}$

□⑨ 右の図のように，円を5等分した点にそれぞれA～Eをつけた。サイコロを2回ふって出た目の数の和だけ点Aから A→B→C→… のように動かす。次の問いに答えなさい。

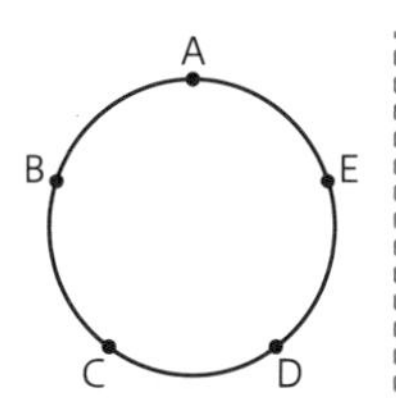

①1回目に3，2回目に5がでるとどの点にとまりますか。

② Cの位置にくる確率を答えなさい。

③ Aの位置にくる確率を答えなさい。

□⑩ 次の8個のデータについて，次の問いに答えなさい。

17，24，25，10，19，15，21，12

①第1四分位数を答えなさい。

②四分位範囲（しぶんいはんい）を答えなさい。

□⑪ 次の図は60人の登校時間を箱ひげ図に表したものである。この箱ひげ図から読みとれることとして正しいものを選びなさい。

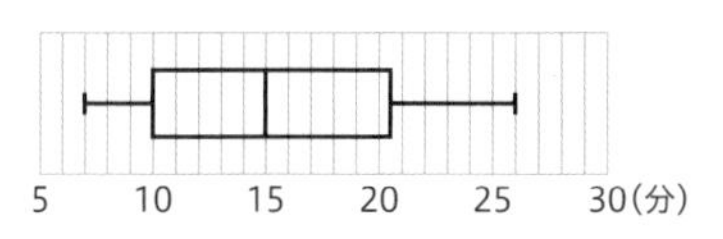

ア かかる時間が20分以上の生徒は15人以下である。

イ 平均値は15である。

ウ 四分位範囲は10である。

エ かかる時間が20分以下の生徒は全体の75％以下である。

⑨ ① D

② $\frac{2}{9}$

③ $\frac{7}{36}$

解き方 ① Aから，
3＋5＝8 進めばいい。
② Cの位置にくるには，サイコロの出た目の数の和が2，7，12になればいい。

⑩ ① 13.5

② 9

解き方 ① 小さい順に並べると
10,12,15,17,19,21,24,25
第1四分位数は，
(12＋15)÷2＝13.5
② 第3四分位数は，
(21＋24)÷2＝22.5
22.5－13.5＝9

⑪ エ

part 1 式の計算
part 2 連立方程式
part 3 1次関数
part 4 平行と合同
part 5 三角形と四角形
part 6 確率とデータの分析

装丁デザイン　ブックデザイン研究所
本文デザイン　京田クリエーション
図　版　スタジオエキス.

本書に関する最新情報は，小社ホームページにある**本書の「サポート情報」**をご覧ください。(開設していない場合もございます。)
なお，この本の内容についての責任は小社にあり，内容に関するご質問は直接小社におよせください。

中２ まとめ上手 数学

編著者　中学教育研究会
発行所　受験研究社
発行者　岡本明剛

〒550-0013　大阪市西区新町2－19－15
注文・不良品などについて：(06)6532-1581(代表)／本の内容について：(06)6532-1586(編集)

Printed in Japan　寿印刷・高廣製本
落丁・乱丁本はお取り替えします。